おうちでカンタン！

はじめる  稼げる

「オンライン起業」の教科書

ONLINE BUSINESS
HOW TO START & WORK GUIDE BOOK

山口明子

JN033356

日本実業出版社

はじめに

なぜ、いまオンライン起業なのか？

　この本を手に取ってくださったあなたは、いまどんな働き方をしていますか？　会社員？　派遣社員？　自営業？　パートやアルバイト？　それとも専業主婦（夫）でしょうか。

「これからの時代、複数の収入源を持つことが大事だ」とよく言われるようになりました。でも、急に収入は増えないし、何からどうはじめたらいいのかわからない人が多いと思います。そのような方に向けて、**「あなたの持つちょっとしたスキルをオンラインで売るノウハウ」**をお伝えしていきます。

　私自身、子どもの出産を機に家庭に入ってから、はじめてインターネットを使って収入を得たときは、「こんな世界があるのか！」と驚いたものです。

　その後、私は主婦向けのオンライン起業の塾を主宰して、立ち上げから13年が経ちました。最初は主婦の方たちに向けてはじめたのですが、いまでは主婦の方以外にも、会社員や学生、引退されたシニアの方など、幅広い年齢層の方が学びに来てくださり、インターネットを使った起業や副業への関心の高さを感じています。

「人生100年時代」と言われ、定年退職したあとの老後の資金も自分で用意しておかなければいけません。「会社に勤めていれば安心」という終身雇用制度に守られた時代は終わりました。自分の生活を守っていくには、自分で稼ぐ必要が出てきたのです。

世の中のオンライン化で起業・副業のチャンスが増えた

　少し前までは、主婦が収入を増やしたいと思ったら、パートや内職がポピュラーな働き方でした。しかし、いまや誰でもスマホやパソコン、タブレットなどを持っている時代であり、時間や場所にとらわれずに働ける環境が整っています。

何か調べたいことがあれば、Yahoo!やGoogleで検索、手に入りにくい本はAmazonでクリック注文、着なくなった洋服や不用品はメルカリやヤフオク!に出品すれば、必要な人の手にわたり、しかもお金まで入ってきます。

　そして、ブログやFacebook、Twitter、Instagramをやっている方も増えてきました。友だちとはLINEでやりとりする、という方も多いはず。

　最近では、動画をリアルタイムで配信するライブ配信を利用して、コンサートやセミナーなどのライブ映像も、自宅に居ながらにして見ることができるようになりました。映像を見ながら、TwitterやFacebookを経由して、コメントを書き込むこともでき、それを閲覧者全員が共有できるので、まるでその場にいて交流しているかのような臨場感も味わえます。

　こうした情報を発信して形成していくメディアのことを、SNS（ソーシャル・ネットワーキング・サービス）といいます。**個人が手軽にSNSで個人の魅力を発信し、それが仕事につながる機会が格段に増えています。**

　そして、コロナ禍でのリモートワークがオンライン化に拍車をかけ、会議や打ち合わせなども自宅でできるようになりました。

　世の中のオンライン化で、個人対個人の取引が増えたことが、起業・副業のチャンスにもなっているのです。

「組織」から「個」へ時代が劇的にシフト

　2020年からのコロナ禍と同時に、働き方が「組織」から「個」へシフトし、例えばいままでなら会社で働くのが当たり前だったのが、フリーランスで働く人が増えているといいます。自分でインターネットを使って仕事を得て収入にしていく人は、今後もますます増えていくでしょう。

　例えばあなたが女性なら、ネイルサロンを探すのに、自宅や会社の

近くでサロンを検索するのではないでしょうか。あるいは、SNSなどで評判のいいサロンを見つけて予約をすることもあるかもしれません。

　そのときに、そのサロンが駅前に大きなビルを構えているか、それとも住宅街にある隠れ家サロンなのかよりも、ネイルの技術や価格のほうを見るのではないでしょうか。

　つまり、サービスの提供者が法人か個人かはあまり気にしないわけです。要は、自分が納得のいくサービスを受けられればいいわけですから。

　英語を勉強したいという場合も、以前はテレビや新聞でたくさんの広告を出している大手の英会話スクールが人気でした。でもいまは、個人がZoomやスカイプ、LINE通話などを使って、オンラインで教えており、好評を得ているケースが増えています。

　個人が持っているスキルが、すぐにお金に変わるチャンスが、オンラインには至るところにあるのです。

初期投資ゼロのオンライン起業はリスクが少ない

　あなたがいま、どんな働き方をしていたとしても、空いた時間でインターネットを使ったオンライン起業のやり方を知っておくことは、今後の人生に必ず役立ちます。

　オンライン起業のいいところは、働く場所も時間も選ばないことです。ベッドの中やソファーの上も仕事場になりますし、あなたが会社員なら、通勤中の電車の中や昼休みなどの空いた時間でできることもたくさんあります。

　「起業」といっても、安心してください。会社もオフィスもスタッフも広告費も必要ありません。オンライン起業のメリットは、お金がかからないこと。今日から、０円でできるのです。

　ひと昔前の起業は、銀行からお金を借りて、何百万円もかけて会社を作ってはじめるものというイメージでしたが、いまの起業はとてもライトです。会社員で週末だけ起業するという働き方をしている方も

増えています。

　本書では、そのやり方、注意点、実際にやっている人の実例を交え、はじめての方でも楽しくオンライン起業ができるようにナビゲートしていきます。

　Part Ⅰでは、オンライン起業のタネを見つけて、好きなことで起業するための方法や、あなたの可能性を見えるカタチにして世間の人に見つけてもらう方法、最初の一歩を踏み出し、自分の商品やサービスを作るノウハウをくわしくお伝えします。

　Part Ⅱでは、Part Ⅰで見つけたタネで売上を上げるための仕組み作り、毎月コンスタントに収入を得るために必要なノウハウをお伝えします。

　Part Ⅲでは、すでに起業している方にも役立つように、オンラインで仕組み化することで、売上を倍増させるための具体的な方法をお伝えします。

　オンライン起業がはじめてでも、この本を読めば、自分に合ったオンライン起業の方法が見つかるはずです。さあ、準備はいいですか？
　オンライン起業に必要なことを学んでいきましょう！

　　各Chapterの最後には、読者代表として、小４のお子さんがいる
39歳のワーキングマザー、愛さんに登場してもらいます。
　　これから副業でオンライン起業をし
ようと考えている愛さん、果たしてど
んな風に進んでいくのでしょうか？
そちらもお楽しみに！

先生

愛さん

はじめに

Part
III

オンラインで「仕組み化」して
売上を加速させる！

Chapter 8
オンライン・ショップ構築で商機を逃さない

Chapter 9
オンライン・コミュニティの活用はメリットだらけ！

Chapter 10
「売り方」を劇的に変えるオンラインセミナーの導入

おわりに

カバーデザイン	井上新八
本文デザイン	浅井寛子
イラスト	ありす智子
編集協力	宮本ゆみ子

オンラインであなたの
可能性を見つけて、
おウチ時間に
ゼロから起業！

Part 1 では、オンライン起業に必要な
「あなたのタネ」を見つけていきます。
好きなことで起業するための方法や、
あなたの可能性を見えるカタチにして
世間の人に見つけてもらう方法、
最初の1歩を踏み出し、
自分の商品やサービスを作る方法を
くわしくお伝えします。

オンラインで見つける、
あなたの「稼ぎのタネ」

オンライン起業に必要な「8つのタネの見つけ方」を紹介します。自分の得意なこと、好きなことで起業するためのきっかけをつかみましょう。オンライン起業をスタートさせていく、最初の一歩を踏み出します。

自分の「当たり前」が
起業・副業のタネになる？

あなたの経験や、あなたが持っている知識や技術、特技を「教えて
ほしい」と思う人はたくさんいます。自分が「当たり前」と考えて
いることが起業、副業の素材となるのです。

「少し先にはじめた人」の話を聞きたい初心者がたくさんいる

「起業」というと、「えっ、私にそんな、起業できる要素なんてない」
と考える人がほとんどです。私の人生なんて平凡だし、何か特別なこ
とをやってきたわけじゃないし……と。

　でも、ひとりひとりじっくりと話を聞くと、誰しもがそれぞれにユ
ニークな経験を積み重ねていたり、ちょっとした特技を持っていたり
します。それなのに、そのことに気づかなかったり、大したことでは
ないと思ってしまっていたりするようです。

　何とももったいない！　あなたの経験や、あなたが持っている知識や
技術、特技を「教えてほしい」と思う人はたくさんいるのに、その価
値をどうしてそんなに低く見積もってしまうのでしょう。

　逆の立場に立ったときのことを考えてみてください。例えば、「ゴ
ルフをはじめてみようかな」という人は、いきなりプロゴルファーの
松山英樹さんに教わろうとはしませんよね？

　車の運転免許を取ろうと考えたとき、元F1レーサーの佐藤琢磨さ
んに教えてもらおうとはしませんよね？

　写真に興味が出てきてカメラを趣味ではじめたいなと思った人が、
篠山紀信さんに「どんなカメラを選んだらいいですか？」なんて尋ね

たりしないのではないでしょうか？

　ゴルフをはじめたくなったときには、たぶんすでにコースに出たことがあるお友だちに教えてもらうところからスタートするでしょう。
　車の運転を教えてもらおうと思ったら、自動車教習所に行くでしょう。教習所の指導員は運転について教えるプロではありますが、Ｆ１ドライバーではありません。
　趣味でカメラをはじめる人は、やはり最初は、ちょっと前に写真を撮りはじめた友だちに聞くのではないでしょうか。そのほうが、「子どもの写真を撮るんだったらこういうカメラがオートフォーカスで便利よ」とか「肌映りがきれいなのはこの機種ね」など、とても初心者の気持ちに寄り添って教えてもらえるからです。

　初心者には初心者のレベルがあります。あなたより少し先にはじめた人だからこそ、初心者のあなたがどんなことを知ったら便利で、どんな失敗に陥りやすいか、よく理解したうえでアドバイスをくれるのです。自分自身がついこの間まで初心者だったからこそ、はじめの一歩を導くのに適しているのです。

長年第一線で活躍するプロ中のプロは、卓越した技術や真似のできないセンスを持っているかもしれませんが、そのレベルのことを知っても、むしろ初心者には役に立ちません。それよりも、**自分より少し先にはじめたくらいの人のほうが、初心者にとって役立つ情報や技術を教えてくれることでしょう。**

　新入社員の配属部署が決まったときに、指導役となるのは入社2〜3年目の先輩社員であることが多いようですが、これもきっと同じ理由からではないでしょうか。

あなたより詳しくない人は何倍もいる

　それなのに、自分が教える側に立つことを考えると、「私なんて大したことないから……」と言う人がどれだけ多いことか。確かに、あなたよりすごい人はたくさんいるかもしれません。でも、あなたより詳しくない人はその何倍もいるのです。
「これからはじめてみたいんだけど、何から準備すればいいのかわからない」という人たちにあなたが教えられることは、実はたくさんあるのです。

　あなたが初心者のときの疑問や、つまずいた経験などを丁寧に教えてあげれば、それは価値になるのです。そう考えると、あなたが他人に教えてあげられることは、きっと1つや2つではないのではないでしょうか。
　あなたにとって「こんなことみんな知っているよね」と思う情報が、他の人にとってはお金を払ってでもほしいものであるかもしれないことに、まずはどうか気づいてください。

02

稼ぎにつながる
「8つのタネ」の見つけ方

**どんなことがお金に変わるのか？　いまの自分が提供できるものを
8つの側面から探っていきます。**

「当たり前」の価値の見つけ方

「自分にとって当たり前のことが大事」と言われても、なかなかその
価値に気づきにくいものです。そこで、8つの方法をピックアップし
て、あなたにとっての、どの「当たり前」に価値があるのか、見つけ
出してみましょう。

　この時点では「私はコレで起業する！」と決めなくてもOKです。
むしろまだ決めないでください。はじめの一歩の時点で起業のタネを
決めつけてしまうと可能性の幅を狭めてしまいかねませんし、必ずし
も市場のニーズと合致しないこともあります。

　この時点ですべきは、自分のやってきたことを棚卸ししたり、普段
どんなことに時間やお金を使っているのかなどを見直すことです。

　では、8つの方法を順にご紹介します。

① あなたの「趣味」がタネになる

　いろいろな定義があると思いますが、私は趣味を「お金と時間をか
けて継続的にやっていること」と定義します。多趣味な人も無趣味な
人も、まずは自分が継続的にお金と時間をかけてやっていることを書
き出してみましょう。

例えば、私の友人はミュージカル、特に劇団四季が大好きです。東京に住んでいますが、都内の公演を全部観るのはもちろんのこと、一度観た公演にも何度も何度も足を運び、地方公演にも遠征します。

　飛行機に乗ってホテルをとって、昼公演も夜公演も観て、１泊して翌日の昼公演も観て帰ってくる。そんなことを繰り返しています。トータルで年間何百万円という出費です。

　出費ばかりかさんで……と思われがちですが、これだって、立派に起業のタネになるのです。

　年間何百万円もつぎ込むほど好きで詳しいのだったら、例えば**劇団四季やその他のミュージカルについてブログに書いていけば、アドセンス広告（クリックされることで収入になる広告）で収入が得られるかもしれません。**

　また、劇団四季やその他のミュージカルはどの公演も大変人気が高く、チケットはあっという間にソールドアウトになってしまいます。それなのに、彼女は観たい公演をすべてゲットしています。どうやってチケットを手に入れているのか。そういう技術や情報なら、お金を払ってでも知りたいと思う人もいるはずです。

　彼女はその情報を5000円で売っていましたが、飛ぶように売れていました。それもそのはず。多くのミュージカルファンは希望の公演

チケットが取れないときには、プレミアのついたリセールチケットを買うしかないからです。もともと1万円のチケットが3万円や4万円で販売されていても手を出してしまうのです。それならば、5000円を出して彼女の情報を買って、いつでも希望する公演のチケットを買えるようになったほうがお得ですよね。何百万円も費やした彼女の趣味は、こうして収入のタネになりました。

こうした例はいくつもあります。知り合いの鉄道マニアの男性は、鉄道で移動すること自体が好きな乗り鉄でも、列車を写真に収めることが好きな撮り鉄でもなく、観光列車のマニアです。電車に乗りながらその地方の美味しいご飯やスイーツを食べるのが好き、というグルメな人です。

ご夫婦で日本中の観光列車に乗って飲み食いしたそうですが、それだとお金が出ていく一方です。そこで彼は「観光列車専門家」としてブログを立ち上げ、各地の観光列車についてのうんちくを語りはじめました。すると、日本全国のどこかで新しい観光列車が走り出すと、彼のところにテレビ局や雑誌などのマスコミがやって来て、「観光列車専門家」として取材を受けるようになったのだそうです。そしていまでは、それがけっこうな仕事になっているのだとか。

趣味も極めれば、このように収入につなげることが可能なのです。さて、あなたがお金と時間をたっぷり費やしてきた趣味は、何でしょうか。

② あなたの「得意」がタネになる

得意なことが起業のタネになるというのは、比較的イメージしやすいのではないでしょうか。

いまどきの会社員は誰でもExcelは扱えるかもしれませんが、私は全然ダメでした。もともと営業の仕事をしていて、それから住宅設計

に携わって、その後に起業しているので、実はほとんどExcelに触ったことがありません。

　セルごとに数字を入力するくらいならできたのですが、列のここからここまでの値を合計するというやり方を知りませんでした。合計するやり方を知らない、というよりも、Excelで計算ができること自体を知らなかったのです。

　だから、Excelを開きつつ、そのデータを見ながら計算機でひとつひとつ足し算をしていました。当然、手入力での計算なので何度かタッチミスをしてしまい、いつまで経っても計算が合いません。

　そんな私の様子を友人が見るに見かねて、「知り合いにExcelがすごく得意な人がいるから、簡単な操作についてレクチャーしてもらったらいいんじゃない？」と、Excelの達人を紹介してくれました。1回90分3000円で、数回にわたり、表計算の仕方や便利な使い方などExcelの基礎をみっちり学びました。

　実は、このExcelの達人は、いわゆるプロとして教えているExcel講師というわけではなく、「友人に頼まれたから」と好意で私に教えてくれたとのこと。でも私にとっては、お金を払ってでも教えてもらってよかったと思える内容でした。一方、彼にとっては「Excelが得意」が収入につながるということが驚きだったようです。

え、お金に
なるの!?

　「得意」が起業のタネになるのは、Excelのように仕事の場面で役立

つものに限った話ではありません。

　友人に「電化製品の配線が得意」という人がいます。新しいパソコンを買ったときのWi-Fiやプリンターなどの接続や、テレビとデジタルアンテナのつなぎ方など、わかる人には何でもないことかもしれません。しかし、苦手な人にとってはちんぷんかんぷんなうえにひたすら面倒くさい作業ですが、彼はそれが得意でした。

　Facebookなどでときどき、「配線が得意だ」というアピールをしていたら、自宅を新築したり引っ越したりした彼の友人が、「この配線はどうしたらいい？」と彼に尋ねるようになりました。結局、彼は出張して配線をすべてやってくれるのですが、やってもらった側としてはなんだか申し訳なくて、時間相応の謝礼を払うようになりました。楽しく、得意な配線をしてお金をもらうなんて、彼にとっては一石二鳥ですね。

　もう1つの例です。私の友人に、ランチやお茶会に使えるような、素敵なレストランを探すのが得意な人がいます。

　彼女に、例えば「銀座で、個室のあるイタリアンでおすすめはある？」と聞けば、パパパッと何店か候補を出してくれるのです。そういう人は常にレストランを調べていて、見つけた素敵なレストランをブックマークしておいて、「次はここに行こう」とリストアップしているようです。

「そのことを発信したら？」と提案したところ、彼女はおすすめのお店を紹介するブログを開設しました。ガイドブック並みの情報力で多数の読者がついているようです。そこにクリック型広告をつけていて、毎月ランチ代くらいにはなっているのだそうです。

　この3人に共通しているのは、**得意なことに対して、普段から際限なく時間をかけられる点です**。これは、先ほどの趣味と同じですね。

　趣味や、得意なことについては、本人にとっては当たり前すぎてそれが収入を生むとは考えにくいかもしれませんが、ここに挙げた例のように、見方を変えるとお金に換わります。まずは、自分がどんなこ

とに時間やお金をかけているのか、人によく聞かれることは何なのか、一度すべて書き出してみましょう。

③ あなたの「好き」がタネになる

「趣味」と「好き」は、どこで線を引いたらいいのか、迷うところではありますが、まずは例を挙げてみましょう。

　絵を描くのが好き、キラキラしたアクセサリーが好きなど、「好き」にもさまざまなものがあります。

　私の友人の１人に、「洗濯好き」がいます。主婦の方です。家事の中では洗濯が好きという人は相当数いると思いますが、彼女が好きなのは２槽式の洗濯機。洗濯槽と脱水槽が別々になっている洗濯機です。彼女は、洗濯機を買い換えても買い換えても、必ず２槽式の洗濯機を選ぶのだそうです。**あまりに２槽式洗濯機が好きすぎて、その魅力をブログに書いて毎日のようにアップしていました。**
　彼女によると、２槽式洗濯機の魅力は何よりも汚れ落ちのよさなんだそうです。１槽式の洗濯機と２槽式でどれだけ汚れ落ちが違うか、泡立ちがいいのはどちらで、その泡はどのくらいで消えるのか、お湯と水ではどちらがいいのかなどを実験していて、泡消えの時間をタイマーで計るなど客観的な数字を出して比較しています。
　さらに、彼女は肌が弱いため、よくある合成洗剤を使わずに粉石けんを使っているのですが、粉石けんの溶ける水の温度や量をメーカー別に計っておすすめの商品をブログに載せています。ありとあらゆる角度から、究極の洗濯をするにはどの機種がよくてどの洗剤がいいのかを調べるほどのマニアックさです。お子さんのアトピーに悩むお母さんは多いので、彼女のブログも日々アクセスが増え、広告収入でもかなりの売上が上がっているようです。

　別の知人女性は筋トレが好きで、暇があってもなくてもひたすら筋トレをしています。なぜそんなに筋トレが好きかというと、彼女いわ

く、「やせやすい身体を作るには筋トレが一番だから」とのこと。ヒップアップしたかったらこの筋肉を鍛えたらいい、とか、二の腕を細くしたいならこの筋トレがおすすめ、といったことにも詳しいです。

　実際、彼女はとてもスタイルがいいのです。Instagramで発信している写真を見るとどれもまるでモデルさんのような、すごくきれいな身体をしているのです。それを見た人たちから、「どうしたらそんなスタイルを作れるのか」といろいろと聞かれるようになって、それが高じて彼女はオンラインでパーソナルトレーナーの仕事をはじめました。ジムに行かなくても、身近なペットボトルやタオルを使ってできる筋トレ法を教えています。**筋トレ好きから筋トレを教える側に。まさに「好きなことが起業のタネ」になったいい例です。**

　私が教えている起業塾では好きなことで起業している人が多いのですが、ユニークな例に「家計簿好き」な人がいます。彼女いわく、家計簿をつけるだけで2年間に300万円の貯金ができたのだとか。

　そのことや、家計簿のつけ方などをブログで公開していたら、「家計簿は苦手だけれどつけたほうがいい」と思っている人が多いせいでしょうか、ブログのページビューが激増して、アドセンス収入だけでも何十万円かの収入を生みました。

　そればかりでなく、ブログを見た出版社から連絡が来て、なんと出版が決まりました。いまや彼女は家計簿のコンサルタントとして講演会でも引っ張りだこ。本の印税とブログのアドセンス収入、家計簿のコンサル、講演会の講師料、と4つの収入源があり、ご主人の収入を超えてしまったそうです。「ただでさえ貯金が好きなのに、ますますお金が入ってきて楽しい」と話していました。

あなたのブログ面白いですね！出版してみませんか？

④ あなたの「資格」がタネになる

　先ほどの家計簿好きの方は、いわゆるファイナンシャルプランナーなどの資格があるわけではなく、ただの主婦でした。「出版までするような専門家なら、資格を持っていなくてはいけないんじゃないか」と考える人もいるかもしれませんが、実は特定のジャンルを除いて資格は必要ではありません。

　むしろ、「資格さえ取れば収入につながる」という思い込みは危険です。がむしゃらに勉強して苦労して取った資格を掲げて開業したものの、開店休業状態になっている例を、私はいくつも見ているからです。

　そもそも、資格を取って起業をするのは本格的な事業であって、本書のPart Ⅰでおすすめするオンライン起業とは趣旨が異なります。ここでお伝えしたいのは、普通の主婦や会社員が、家事や本業の仕事があってサブ的にお金を稼ぐことや、空いている時間にできる起業のイメージです。

　そのタイプの起業に向いているのは、資格を取ってそのまま使うことではなく、**すでに持っている資格に何かを組み合わせて起業のタネにすることです。**

　管理栄養士の資格を例にしましょう。この資格を持っていても、いまは子育て中で仕事はしていないというお母さんは、意外と多くいるのです。
「管理栄養士」といえば、例えば学校で採用されて学校栄養士として働いたり、どこかの組織に属したりするという働き方が一般的かと思いますが、オンライン起業的に考えるならば、管理栄養士であるあなたが興味のあることを、この資格に組み合わせます。

　ダイエットに詳しいのなら、やせるスープのレシピをバリエーションをつけて、毎日のようにブログやインスタグラムに掲載してみましょう。その際の肩書きは「やせるスープアドバイザー」なんていうのもいいですね。「管理栄養士が教えるスープダイエット」。もうそれ

だけでオンリーワンでファンがつきます。「管理栄養士だからあなたの栄養を管理します」というノリではなくて、みんなが興味を持つダイエットとの組み合わせで資格が生きるのです。

コーチングの資格を持っている人も多いと思います。でも、コーチングだけで食べていくのは至難の業。そこで、**コーチングに他の資格を組み合わせてみると、他にはない唯一性が発揮されます。**

実際にいらっしゃったのが、看護師でコーチングの勉強をされた方です。いまでも現役の看護師です。患者さんの話を聞くためにコーチングを勉強し、資格も取ったそうです。

彼女はもともとは、本職である看護師として月給をもらい、空いているお休みの日に誰かにコーチングのセッションをして副収入を得ようと考えていました。でもそうではなく、コーチングに看護師のイメージをかけ合わせて、「いろいろな人たちの不安を取り除く現役ナースのコーチング」とすれば、他にはないユニークなものになるのではないでしょうか。

看護師さん　　　　　　コーチング

それから、私はインテリアコーディネーターの資格を持っていますが、これも活用できている人は案外少ないものです。

一般的には、インテリアコーディネーターはハウスメーカーに所属してお客様の新築住宅のインテリアを整えるのですが、資格を生かし

て、直接お客様にアドバイスできるようにすれば、そこから収入を得ることができます。

　私と同じくインテリアコーディネーターの資格を持っている友人が目をつけたのは、IKEAです。IKEAで扱っているひとつひとつの商品は比較的お手頃ですが、そこそこセンスがいいものがそろっています。そこで彼女は、「インテリアコーディネーターが教える、IKEAでセンスよくお部屋をコーディネートするコツ」として、北欧インテリア推しで発信をしています。

　ハウスメーカー所属のインテリアコーディネーターに内装一式のコーディネートを頼むと高いし、ハードルが高いと感じてしまう人も、「IKEAでアドバイスをもらいながら自分で品物を選んでお買い物ができる」となると、「それならやってみたいな」という気持ちになります。

　ポイントは、インテリアコーディネーターが実際に全部手をかけるのではなく、知識のある専門家がコーディネートのコツを教えてくれる、という点です。資格をうまく使っていくと信頼感や説得力が上がります。**資格を使って、困っている人たちに何を教えられるかというところを明確にするといいでしょう。**

　もう１つ、私の知り合いの会社員の方で、TOEIC満点のスコアを取った人がいます。彼女は「TOEICなんて満点を取ってる人はいっぱいいるし……」と謙遜しますが、満点なのにもったいないですよね。

　そこで、「TOEICの勉強法を教えるコーチ」をはじめてはどうかとアドバイスしました。英語そのものを教えるというよりは、TOEICのための勉強法を教えるのです。「自分がどんな方法で勉強をしたか、どんな教材をどう使ったらいいかを教える」という意味です。「効率よくTOEICのスコアを上げたい。そのための具体的な勉強法を知りたいけれどどうしたらいいのか困っている」という人は多いはずです。それをTOEIC満点の人から教えてもらえるのなら、お金を払う価値がありますよね。

　その他にも、本人は「なんでこんな資格を取っちゃったのか」と思うような資格が、実は起業のいいタネになるケースは多いので、資格と何かをかけ合わせるという視点で、ぜひ考えてみてください。

⑤　あなたの「経験」がタネになる

　私は、誰にとってもすべての経験が起業のタネになると考えています。どんな経験もムダにはならないからです。
「そう言われても、私はずっと主婦で、家事と育児しかしてこなかったんです」とおっしゃる方がいます。しかし、家事や育児は素晴らしい経験です。育児の経験は、第一子の出産・育児に直面している新米ママにとっては、喉から手が出るほどほしい情報にあふれています。
　家事も、忙しい毎日の中で効率よく時間を使うために手際よくするコツは、誰しも知りたいところです。
　家事と育児をずっとなさってきた方なら、自分なりのコツや工夫がいくつもあると思いますが、それを**ブログやSNSにまとめて、悩んでいる人たちと分かち合うことで、収入につながる道筋が広がっていきます。**

「私には子育ての経験もなく、コンビニのバイトでレジを打っていただけです」という人がいるかもしれません。
　でも、それも重要な経験です。コンビニのレジにいることで、この季節にはこういう商品が売れるとか、天気が変わると売れ筋が変わる、なんていうことをリアルに体験していることでしょう。まさにマーケティングの最前線にいるということではありませんか？
　レジでお客様と接する中で、思いも寄らないクレームに対応しなければならなかったかもしれません。その対応の経験だって、まとめたらきっと誰かの役に立つはずです。コンビニのバイトで経験したことや気づいたことを発信していけば、それを知りたい人は少なくないはずです。

私の例で1つお話ししましょう。私は以前、ブログアフィリエイト
で10億円を売り上げたことがありますが、このブログも、私の経験
を書いたものでした。

　その経験とは、視力矯正のレーシック手術です。そのブログをはじ
める前から10年くらい、ずっとレーシックを受けたかったのですが、
怖いという思いと、高額だったことで、ずっと悩みながらすごしてい
たのです。

　でもその一方で、小学校からずっとメガネをかけていて中学からコ
ンタクトレンズを着用していたので、角膜にレーザーを当てる手術で
視力が回復するという話はとても魅力的に感じました。

　私は自分の悩みを解消するために、レーシックの検査方法や術式な
どをいろいろ調べて、それを全部ブログに書いていました。さらに、
意を決して手術を受けたときのこと、手術の当日から翌日、2日後、
1週間後、1か月後、3か月後……と、レーシックを受けたあとの目
がどうなったか、視力がどうなったか、お金はどのくらいかかって保
険は下りたかなど、すべてブログに書いていったのです。

レーシック手術の
経験

ブログで報告し
アフィリエイト広告を張る

　そこに、レーシック関連の広告を張る形式で、アフィリエイト収入
を得ていました。張った広告をブログの読者がクリックして、そこか
らレーシックに申し込むと、いくらかの紹介料が私に入ってくる仕組

みです。そこで売り上げた金額はおよそ10億円。そこから私への広告収入が支払われましたが、それだけでも2年間で約5000万円ほどもありました。レーシックの代金はペイするどころか、大きく黒字となったのです。

　誰にとっても、どんな経験もムダにはなりません。それでも「私には何の経験もない」と思う人は、これまでの人生で自分がどんなことをしてきたのか、年表にして書き出してみるといいでしょう。それでもどうしても起業のタネになるような経験がないという人は、これから経験を作っていって、それをタネにしましょう。

⑥　あなたの「消費行動」がタネになる

　先ほど、①**あなたの「趣味」がタネになる**のところで、趣味を「お金と時間をかけて継続的にやっていること」と定義しました。「お金を使うこと＝消費行動」という考え方に則ると趣味も「消費行動」に入りますが、ここではそう定義しません。

　例えば、病院に行って診察してもらう、薬を買う、などは、やむなく使うお金ですよね。
　もっと具体的な例を挙げてみると、「糖尿病でずっと薬を飲んでいます」という場合などは、まさにお金を使いたくて使っているわけではないかと思います。やむを得ず払っているお金です。
　でも、払った分だけ、実は起業のタネになるような経験を積んでいることにお気づきでしょうか。「糖質を減らしてください」とか、「甘いものを控えてね」という食事の指導もされるでしょう。
　私の知り合いに糖尿病の男性が2人いるのですが、彼らはやはり、何を食べたら血糖値が上がるのかについて、とても詳しく知っています。「このパンとあのパンを比べたら、こっちはガーンと血糖値が上がるけれど、そっちはそんなに上がらないよ」とか、「パスタとカレーだったらこのくらい違うよ」という具合に、食べ物と血糖値の上昇に

ついての知識を豊富に持っています。

　実は食べ物と血糖値の関係は、ダイエットしたい人にとってはすごく重要な話です。血糖値がバーンと上がる食事は太りやすいからです。

　先ほどの男性のうち1人は、YouTubeで血糖値のコントロールの話を糖尿病の人に向けて発信していて、ダイエットに関心のある人たちが視聴しているようです。視聴回数に応じて、彼には広告収入が入っています。

　彼にとっては、お金を使いたくて使っているわけではない糖尿病の治療ですが、そのことが起業のタネにもなっているのです。

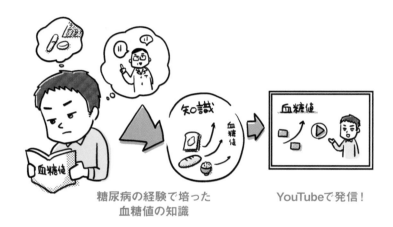

糖尿病の経験で培った
血糖値の知識

YouTubeで発信！

　楽しいことに使っているお金と違い、病気治療のために払っているお金のような「仕方なく使っているお金」は忘れてしまいがちです。

　でも、継続的に使っているということは、継続的に発信できるタネがあるということ。よく見直してみれば、あなたも日常生活の中に「仕方ない」出費があるはずです。それを、ぜひ収入のきっかけに転換させてください。

⑦ あなたの「苦手」がタネになる

「苦手なことが起業のタネ？」と、首をひねる人もいるかもしれません。実は、これにはある条件がついています。現在はすでに克服できているけれども「過去に苦手だったこと」が起業のタネになるのです。

　私の夫は作家をしています。もともと出版社に勤務していたのですが、文章が下手だと上司や先輩に怒られてばかりでした。文章が下手で怒られすぎて、「なんとかしなければ」と思い、出版社の先輩に添削してもらったり、自分で本を読んだりして、文章の勉強を重ねました。その後、学んだことがターニング・ポイントとなって、むしろ文章は彼の武器になりました。

　やがて、彼は出版社を辞めてフリーランスのライター・編集者として独立。数々の本を出版すると同時に、「山口拓朗ライティングサロン」という文章の書き方を教えるコミュニティを作り、いまでは文章の書き方を教える先生になっています。

　自らの経験から、文章が苦手な人のことがよくわかるので、学んでいる人がどこでつまずくのかよくわかりますし、どう教えたらいいのかも熟知しています。教わる生徒にとっては、きっと心強い先生であることでしょう。

　また、私の知り合いに極度のあがり症だった女性がいます。人前に出ると全然話せず、頭が真っ白になっていたそうです。そこで、「あがり症をなんとかしたい」と心理学やコミュニケーションをものすごく勉強して、ついにあがり症を克服。

　いまでは「あがり症克服トレーナー」として、オンラインで個人セッションをしているのです。彼女自身がかつてあがり症で悩み、それを努力で克服した経験があるからこそ、伝えられることがあるのでしょう。

あがり症を改善すべく、
猛勉強して克服！

オンラインであがり症対策の
個人セッションを展開

　もう1つの事例をご紹介します。すごく太っていた男性がいました。当時の体重は105キロ。女性にもモテず、コンプレックスを感じて「なんとかしなければ」と思い、一念発起でダイエットに取り組みました。その結果、見事27キロの減量に成功！　その成功体験をやせるための考え方や方法にまとめて、書籍として販売し、ダイエットセミナーを開催しました。

　やせたいと願う人は、年齢や性別を越えてたくさんいます。成功した人の体験談やノウハウを知りたいという人は、あとを絶ちません。太っていた過去を克服したからこそ、それが武器になるのです。

⑧　あなたの「存在」がタネになる

　先日、20歳の私の娘が面白い本を紹介してくれました。『しあわせ貯金生活』（自由国民社）という、ぽちさんという方が書かれた本で、2021年4月に出版されたのです。

　ぽちさんはインスタグラマーで、まだ20代。手取りが16万円で、1人暮らしで大学の奨学金を返済中らしいのです。それで、貯金するためにどうしたらいいのかということや、いらないものを売ったり、節約したり、彼女なりの貯金のノウハウをInstagramに書いていたら、20万人のフォロワーがついたそうです。

　そこで「本を出しませんか」と出版社から持ちかけられてこの本になったということですが、これがまさに「存在」がビジネスになったいい例です。

「今日はこんなことをしたよ」「こんな貯金をしたよ」「モノを売って1万円になったよ」「私は貯金がすごく苦手」「でも夢のためにお金をためよう。奨学金も返済しよう」という、すごくリアルな20代の女の子の毎日。娘の世代だけでなく、親世代の私から見てもとても面白いと思いました。

Instagramが
面白いですね！
出版して
みませんか？

貯金のノウハウを
Instagramに投稿

反響になり
出版が実現！

　ですから、自分がやっていることを他の人に伝えるだけで、それを素敵と思う人が、本を買ったり、YouTubeを見たり、Instagramを見たりしてくれるのです。とにかくなんでもいいので、そのまま発信することで、意外と価値が生まれてくることも少なくありません。

先生 愛さん

自分の趣味や好きなことを「8つのタネ」で見つけていくことを学びました。愛さんは自分を振り返り、何に取り組むことにするのでしょうか?

 愛さん、ここまで聞いてみてどうですか? できそうなものはありましたか?

 私は新卒で入社した会社での経験しかなくて、「自分がオンライン起業できるものなんてあるのかな」と思っていたんです。でも、**趣味や得意なものもタネになる**と聞いて、考えてみました。そういえば、12年くらい趣味でパステルアートを習っているなあと。趣味とはいえ長くやっているので、けっこう大きな絵も描けるようになって、友人の誕生日や結婚式などにプレゼントして、喜んでもらい、「これ売れるんじゃない?」と言われたこともあるんですよね。パステルアートを描いているときは、時間も忘れてしまうほどのめり込んでしまいます。

 なるほど、いいじゃないですか。他には何かありましたか?

 パステルアートの他には、私、実は占いにも凝っていた時期があって、手相占いとか顔相占いもできるんです。お金をもらって見たことはないのですが、友人にはときどき鑑定みたいなことをしてあげています。そんなこともタネになりますか?

 はい、パステルアートも占いも、十分オンライン起業のタネになりますよ。パステルアートではどんなものを描くことが多いんですか?

風景や食べ物を描くこともあるし、うちには柴犬がいるんですけど、犬の絵を描くことも多いです。

ペットを飼っているお宅も多いので、犬のパステルアートはいいかもしれませんね。

でも、私パソコンとかあまり詳しくないし、SNS もやっていないんです。そんな私でもオンライン起業ってできるんでしょうか？

SNS をやっていないということですが、LINE はやっていないですか？ 人のブログとか YouTube を見たりはしませんか？

あ、LINE は家族や友人との連絡用に毎日使っています。自分のアカウントはないですが、人のブログはよく読んでいますし、YouTube は面白い動画があれば見ることもあります。

だったらオンライン起業できますよ。**パソコンかスマホで文字が打てれば最低限のことはできますから。**スマホで写真を撮ったりもしますよね？

はい、風景とかおしゃれなカフェでよく写真を撮ります。

バッチリですね！ 愛さん、もし副業でネットを使ってオンライン起業するとしたら、**月にどのくらい収入があったらうれしいですか？**

いまは土日が休みですが、平日に溜まった家事をこなしたり家族の行事があったりするので、月に動けるのが実質4〜5日かなと思うんです。あとは夕食後から寝るまでの数時間しか使えないのですが、空いている時間に好きなことでオンライン起業

をして、まず月に３万円くらい入ってきたらうれしいですね。

 その３万円をどんなことに使いたいですか？

 やっぱり自分と家族のために使いたいですね。毎月３万円余分に入ってきたら、家族で美味しいものを食べに行ったり、たまには温泉旅行に行ったりもできて楽しそう！ 子どもの習い事のお金も、家計からではなく、私が出してあげられたらと思ったこともあるんです。そういえば、自分の洋服もしばらく買っていないし、３万円でもいろいろ使い道を考えると楽しくなりますね！ なんだかやる気が出てきました。でも、パステルアートや占いをネットで売るって本当にできるのかなあ。

 それをこれから順を追ってお伝えしますので、安心してくださいね！

🚩 Check!

- ・「８つのタネ」は、いまこの瞬間から見つけられる
- ・目標の収入金額を決めて、使い途を想像する
- ・パソコンかスマホがあれば今日からできる

オンライン起業は
「発信力」が命！
SNSを使ってみよう

8つのルートから、あなたらしい起業のタネがいくつか見つかったでしょうか？　さっそくそのタネをもとに、あなたのビジネスを発信してみましょう！　と、いきたいところですが、その前に、SNSを使ったマーケティングの「基本の基本」をおさらいしながら、効果的に発信していく練習をしてみましょう。

03

まずは自分に「日替わりキャッチコピー」をつけてみよう

起業のタネが見つかったあとは、発信するための準備をしていきましょう。ここで必要なのが、自分にとっての「肩書き」です。

その場その場で自分の肩書きや立ち位置を替えていく

Chapter 1 では、「8 つの方法で起業のタネを探す」というワークをしていただきました。8 つの方法から、1 つ、あるいは複数のタネが見つかったでしょうか。「1 つも見つからなかった」という方はおそらくいないのではないでしょうか。

誰の中にも、何かしらの起業のタネがあります。5 個も 10 個も見つかったという人もいるでしょう。

私も、メインの肩書きは「主婦起業の専門家」としていますが、場面に応じて、「才能発掘人」、「引き算子育てコンサルタント」と名乗るときもあります。その場その場で自分の肩書きや立ち位置を替えているのです。TPO（時間・場所・場合）に合わせて、自分に日替わりのキャッチコピーをつけています。

それは、私の起業が軌道に乗っているから、というわけではありません。例えば、私は 2006 年にレーシックの手術を受けたのは先述の通りです。その経験をブログにまとめたときには、名刺に「主婦レーシックアドバイザー」という肩書きをつけて配っていました。

その実態は、レーシック手術を受けた普通の主婦で、眼科の専門家ではありません。でも、自分がレーシック手術を受けるにあたってさ

まざまな情報を集めましたし、その情報をブログで公開していたら、自分で調べるよりもさらに多くの情報が集まってくるようになりました。それにつれて、さまざまな方からレーシックについての相談を受けることが多くなったので、「アドバイザー」を名乗るようにした、というわけです。

　その翌年に、ママのためのパソコン教室を自宅ではじめました。そこでは「主婦起業塾の塾長」という肩書きをつけました。「airCloset（エアークローゼット）」という、レンタル服のサブスクリプションサービスについてのブログを書くときには、「エアクロなしでは生きられないワーママ講師MOMO」と名乗っています。（「MOMO」は私が仕事で使っている愛称です）

　こんなふうに、何をしているか人に問われたときの肩書きはコロコロ替えているのです。

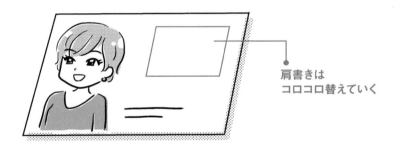

肩書きは
コロコロ替えていく

1つのアカウントで1つの側面に沿ったキャラクターを設定

「肩書き」と聞くと、ややハードルが高く感じるでしょうか。もっとラフに「キャッチコピー」というくらいでもいいかもしれません。

　何をしている人なのか尋ねられたときに、どう答えるかをイメージしてみましょう。わかりやすく、ストレートに答えたもので十分です。ぜひ自分にキャッチコピーをつけてみてください。

　1つキャッチコピーをつけたら、次はChapter 1で見つけた起業

のタネごとに、次々とキャッチコピーをつけてみましょう。3つのタネを見つけた人は3つ、9つのタネを見つけた人は9つ。それぞれのタネごとに、あなたのキャッチコピーをつけてみましょう。

「自分という人間は1人なのに、なぜいくつものキャッチコピーが必要なの?」と思うかもしれません。
　考えてみてください。レーシックの経験のある主婦としての山口朋子と接しているのに、起業塾の話が突然はじまったら違和感を覚えませんか? airClosetについてのブログで、「洋服を買うのが苦手」だと語っている人が、急に他人の才能を発掘することを熱く話しはじめたら、「この人何がしたいんだろう?」と思ってしまいませんか? そこまでは思わないとしても、キャラクターが急変したら、ちょっと混乱してしまいますよね。
　1人の人物であっても、さまざまな側面を持っています。その側面ごとにキャッチコピーをつけて、1つの側面に1つのキャラクターを設定してそれを貫いたほうが、他の人から見たときにわかりやすくなります。「わかりやすい」ということはつまり、「受け入れやすい」ことにつながるのです。

　この「わかりやすい」「受け入れやすい」が、ビジネスでSNSをするうえで重要なのです。
　理想的なのは、1つのアカウントで1つの側面に沿ったキャラクターを設定すること。いくつもの要素を1つのアカウントで発信するのではなく、1つのアカウントから発信するトピックは1つに絞りましょう。

04

そのキャッチコピーの人なら
どんな発信をする？

自分にキャッチコピーをつけると、話題の軸が定まって SNS の内容が書きやすくなります。ここでいくつか例を出して、さらにご説明していきます。

自分にはいろいろな顔があることを確認しよう

　例えば、私はチョコレートが大好きで、以前チョコレートについてのブログを書いていたことがあります。そのときには「チョコホリックなMOMO」と名乗っていました。

　ブログの内容は、コンビニで買ったチョコの食べ比べです。コンビニのチョコを毎日１つ買ってきて、パッケージの写真を裏も表も撮って、カロリーや原材料名、金額、食べてみての味の感想をすべて記載しました。そのブログにはもちろん、チョコのことしか書いていません。

　別のブログでは、当時住んでいた埼玉県のふじみ野市についての話題を伝える「ふじみ野ナビ」を運営していました。ふじみ野市のナビゲーター、という立ち位置です。このブログの内容は、もちろんふじみ野市のことばかり。それ以外のことは書かなかったのです。

　子どもがまだ幼稚園に通っていたので、子連れで行ける遊び場を紹介したり、子どもがよくかかりがちな小児科や皮膚科、歯科医院などを調べて、実際にそこまで行って写真を撮り、看板に書かれている定休日や診察時間などを載せたり。公園の情報も、遊具だけではなく、例えば駐車場はあるのか、身障者用のトイレはあるのか。そういった

ことも現地で調べて写真を撮り、細かくブログに掲載していました。

　レンタルファッションのairClosetのブログでは、airClosetから毎週届く3着の服をまず全部ベッドの上に並べて写真を撮ります。さらに、その服を着て出かけたときに、着画や動画を撮って載せています。

　子育てについては、有料で記事を販売することもできるnoteというサービスに書いています。noteは他のブログサービスに比べると長い記事を書けるので、じっくりと考察して深く考えを掘り下げていくときに適しています。

　noteで「有料で記事を販売できる」というのは、書いた記事を途中まで公開して、その先は購入しないと読めない、という仕組みです。このnoteの使い方についてはChapter 8で詳しく触れるので、いまの時点ではそういうものがあるのか、というくらいの認識で大丈夫です。

自分の役割を決めてそれに則した話題を書く

　よくないのは、朝起きてから寝るまでの行動をつぶさに書き連ねることです。朝何をして、朝ご飯は何を食べて、あの映画を見てこの本を読んで、ランチは何を食べました、美味しかったです、というような、まるで小学生の作文のような、的を絞れず何を言いたいのかわからない文章を書いたりしたら、アウトです。でも意外に、ブログやSNSでそういう書き方をしている人は多いのです。

　1つの記事の中に2つ以上のことを混ぜて書いてはいけません。1つの記事は1つのトピックで深く狭く書くことを肝に銘じましょう。**テーマを混ぜずに書く。そのテーマの専門家のような立ち位置で書いてほしいのです。それが、これから起業するにあたって文章を書くことのよい練習になるのです。**

自分がワクワクするような 「肩書き」をつけてみよう

オンライン起業では、自分で自分に肩書きをつけて発信していきます。ひと目で何をしている人かわかり、差別化ポイントが伝わる肩書きを考えてみましょう

「肩書き作り」で気をつけたい3つのポイント

　自分にいくつものキャッチコピーをつけると「そのテーマに沿って発信するときの私はこういう人」というのがイメージしやすくなります。次は、キャッチコピーを利用して肩書きをつけてみましょう。

　自作の名刺のあなたの名前に、どんな言葉を添えるか。その言葉が、まさに「肩書き」となります。もちろん、会社勤めの方の名刺にある役職とは違うので、自分で好きな肩書きをつけていいのです。

　私がかつて「主婦レーシックアドバイザー」と名乗っていたのも、「肩書き」の1つです。いろいろな人のブログを見ていると、実にさまざまな肩書きに出会います。そんな、他人の肩書きをちょっと参考にしてみましょう。

◆ 肩書きの例
・月に1万円からはじめる海外投資アドバイザー
・母の呪いから解放する心身調律セラピスト
・女の子のための雑貨屋開業講師
・ホームステイにこだわる留学アドバイザー
・アラフォー女性のためのモテ婚活ナビゲーター
・ワーキングマザー御用達整理収納士

なんだか、見ているだけでも楽しくなりますよね。ぜひあなたも、自分の肩書きを考えてみてください。その際に気をつけたいポイントは次の３つです。

◆ 肩書きで気をつけるポイント
・ひと目で何をしている人なのかがわかること
・同業他社と自分の差別化ができるポイントを入れる
・（可能であれば）自分の発信ターゲットが誰なのかわかるようにする

　先ほど挙げた例は、「何を専門としている人なのか」がひと目でわかります。
　また、「ホームステイにこだわる留学アドバイザー」なら数ある留学アドバイザーの中でも「ホームステイにこだわっている」というのが同業他社との差別化になりますし、「アラフォー女性のためのモテ婚活ナビゲーター」や「ワーキングマザー御用達整理収納士」は、誰に向けてのサービスなのか、ハッキリとわかるようにターゲットを設定しています。

誰に遠慮することなく、大胆につけてみよう！

　では、あなたの肩書きはどうですか？　考えたキャッチコピーを元にして、何をしている人なのかがひと目でわかるような、同業他社と差別化ができるような、ターゲットが誰なのかわかるような、そんな肩書きをつけてみましょう。
　これからはじめる方だって大丈夫です。どんなあなたになりたいですか？　夢を思いっきりふくらませて、自分自身がワクワクするような肩書きをつけてみましょう。

選ばれるための
プロフィールを書いてみよう

次は、その肩書きをさらに補強するプロフィールを作ります。どの
SNSにもプロフィールを記入する欄があると思いますが、概してプ
ロフィールは短くまとめなければなりません。

画面の向こうにいる人は、あなたのプロフィールが頼り

　例えばTwitterのプロフィールなら160字以内、Instagramであれば
150字以内です。SNSによってはさらに文字数が少ないものもありま
すが、概ね150 〜 400字を意識して、自分が何者であるか、そしてこ
のSNSでは何について書いているかを表現しておくといいでしょう。

　例として、私が書いているairClosetのブログに掲載しているプロ
フィールは、このような形です。

エアクロなしでは生きられないワーママ講師MOMO

洋服を買いに行くのが面倒くさい、自分で洋服を買う
と失敗する、クリーニングや洗濯などのメンテナンス
が苦手でエアクロ利用歴5年目です！　エアクロの楽
しさ、失敗談、使い方などを紹介していきます。

　なぜプロフィールが必要なのか。もしもあなたが、誰かに何かを頼
みたいと思ったとき……。例えば、英語のレッスンをお願いしたいと
思ったときのことを想像してみてください。

　インターネットで検索して英語の先生を探す際に、プロフィールが書かれている人と、書かれていない人、どちらにレッスンを依頼しようと思いますか？　あるいは、全員がプロフィールを書いていたとして、ごく簡単な経歴しか書いていない人と、実績をきちんとまとめている人の、どちらのレッスンを受けたいと思いますか？

　そう考えると、プロフィールが必要な理由が見えてきませんか？
　あなたが素晴らしい商品や技術を提供できる人だとしても、その価値の裏づけとしての実績や経歴、あなたの思いや人柄が伝わらなければ、あなたの商品や技術の素晴らしさは、他の人の目に留まらない、ということなのです。

　ここでも気をつけたいことがあります。ブログを書くときに、「朝、こういうことをして、朝食は何を食べて、あの映画を見て……」といった、小学生の作文のような記事はNGとお伝えしましたが、ここでも同じ失敗をしないようにしてください。
　プロフィールであなたを知っていただくことは大切ですが、あなたの生まれてからこれまでの歴史を漫然と書いても意味がありません。
　あなたのお客様、またはあなたのお客様候補になる方が求めているのは、あなたが価値を提供できる人であるという裏づけとしての実績や経歴です。

プロフィールにさり気なくストーリーを盛り込む

　人は、スペックよりもストーリーに心を動かされます。ですから、プロフィールにもさり気なくストーリーを盛り込んでおくといいでしょう。この場合の「ストーリー」は、「物語」という意味ではありません。「なぜ、あなたがそれをしているのか？」という理由づけのことです。
　作り方のポイントは、「時制」です。

◆ ストーリーの作り方
・現在「していること」
・過去「いまにつながるきっかけ」
・未来「これからしたいこと」

　この順番に書いていくと、ストーリー仕立てのプロフィールが出来上がります。
　ストーリーはお客様の心に響くことだけをつなげていくように意識して、余計なことは省いて書きましょう。

　次は1つの例です。
　私はミュージカルが好きで、特に劇団四季の作品をよく観に行きます。好きすぎるあまり、ミュージカルの作品ごとにブログを立ち上げるほどでした。その中でも特に好きな『ふたりのロッテ』を紹介するブログでは、こんな感じでプロフィールを書いていました。

MOMO

劇団四季のミュージカル『ふたりのロッテ』を楽しむブログを書いているMOMOです。3年前に劇団四季のミュージカルに出会いました。娘がこの夏『ふたりのロッテ』を観てとても喜んだので、劇団四季のファミリーミュージカルのよさを再認識し、ブログを立ち上げました。今後、次世代の豊かな感性を育む場としてのファミリーミュージカルがもっともっと身近になって、多くの子どもや家族が楽しめるようになったらと願っています。

　これでだいたい200字です。現在・過去・未来のパートを分けて表示すると、次のような形になります。

現在

劇団四季のミュージカル『ふたりのロッテ』を楽しむブログを書いているMOMOです。

過去

3年前に劇団四季のミュージカルに出会いました。娘がこの夏『ふたりのロッテ』を観てとても喜んだので、劇団四季のファミリーミュージカルのよさを再認識し、ブログを立ち上げました。

未来

今後、次世代の豊かな感性を育む場としてのファミリーミュージカルがもっともっと身近になって、多くの子どもや家族が楽しめるようになったらと願っています。

ここでは、私が起業塾を運営していることや、airClosetを利用していることには触れていません。ミュージカルが好きで、このブログにたどり着いた読者には関係のないことだからです。

大好きな劇団四季のミュージカル『ふたりのロッテ』にかかわることだけ、現在→過去→未来の順で書いていくと、なぜ私がこのブログを書いているのか、このブログから読者にどんな価値を与えることができるのか、ストーリーとして伝えることができるのです。

もう1つ別の例です。こちらは、起業家・山口朋子のプロフィールです。

> **起業家・山口朋子**
>
> 私は、主婦をしながら、女性のためのネットスキルの塾を運営しています。現在、子育て中のママを中心に、世界中の1000名以上の受講生に起業のための使えるネットスキルを教えています。なぜこの塾を

はじめたかというと、自分が自宅に閉じこもって産後うつになった経験から、お母さんたちにもやりがいや仲間、収入を得るためのコミュニティを作りたい、という想いがあったからです。子育てをしながら、自宅で好きなことで起業し、世の中とつながりながら、やりがいや収入、仲間を得る女性が増えて、お母さんたちがもっと笑顔になることが私の夢です。

これも同じように、現在・過去・未来のパートに分けてみます。

現在

私は、主婦をしながら、女性のためのネットスキルの塾を運営しています。現在、子育て中のママを中心に、世界中の1000名以上の受講生に起業のための使えるネットスキルを教えています。

過去

なぜこの塾をはじめたかというと、自分が自宅に閉じこもって産後うつになった経験から、お母さんたちにもやりがいや仲間、収入を得るためのコミュニティを作りたい、という想いがあったからです。

未来

子育てをしながら、自宅で好きなことで起業し、世の中とつながりながら、やりがいや収入、仲間を得る女性が増えて、お母さんたちがもっと笑顔になることが私の夢です。

このように、現在・過去・未来のフォーマットで書くと収まりがいいのです。これからいろいろなところにプロフィールを書く際に、この順番で書くことを、ぜひ思い出してください。

07

ふさわしいプロフィール写真を
用意してみよう

「プロフィール写真」と聞くと、芸能人のポートレート写真を思い浮かべるかもしれませんが、もっと軽く考えてください。SNSのアイコンとしてふさわしければ、自分の顔写真でなくてもかまいません。

わかりやすいのは、服装、小道具、背景

　ここまできたら発信まであと少し。どのSNSでも必要になる、アイコンとしてのプロフィール写真を準備しましょう。

　例えば、私がチョコレートのブログを書いていたとき、プロフィールに使ったのはそのままズバリチョコレートの写真でしたし、ミュージカルのブログのときには、劇場の前で撮った娘の記念写真を使っていました。

　肝心なのは、テーマ、肩書き、プロフィール、そして写真に一貫性があることです。

　わかりやすいのは、服装、小道具、そして背景です。

　例えば看護師さんが何かを発信するのであれば、やはりナース服を着ていてほしいものです。講師として発信したいのであれば、やはりスーツを着ていたほうがいいでしょう。ママという立ち位置からの発信であれば、Tシャツやカットソーなどの普段着に近いものがいいかもしれません。

　カメラや写真・撮影のことを書くのであれば、カメラを構えている自分の写真をプロフィール写真にすれば、とてもわかりやすいですよね。画家ならば、絵筆を持ってイーゼルに向かっている様子を写せば

最高です。

　つまり、発信するテーマについて象徴となる小道具があれば、その小道具そのものをプロフィールの写真に入れてしまえばいいのです。

　背景も大事です。ミュージカルのブログにつけるプロフィールの写真を劇場前で撮るのと同じように、料理についての情報発信なら、ぜひキッチンで写真を撮ってください。

『人は見た目が９割』（新潮社）というベストセラーがありますが、視覚的な情報はわかりやすく伝えるために大切なものです。ぜひ工夫を凝らして、テーマや肩書きと統一感のある写真を用意して、わかりやすいプロフィール写真（アイコン）にしましょう。

ひと目で何をやっているのかがわかる写真が理想的

　また、一度作ったプロフィール写真は、頻繁に変えたりしてはいけません。使い続けることで認識されやすくなるからです。なるべく１年くらいは継続して使うようにしてください。

　私の友人にスケートが趣味の男性がいます。彼のTwitterやFacebook、ブログのアイコンは、すべて彼がスケートをしている写真で統一されています。そうすると、プロフィール写真を見るだけで、「この人はスケートが好きな人だ」とすぐわかりますよね。

　このように、猫が好きな人が猫に関することを発信するのであれば、猫のアイコンを使ってもいいし、カラーセラピーやカラースタイリストなど色彩関連の発信をしたい人であれば、カラフルな色を用いたアイコンにするといいわけです。

　私の夫はライターをしていますが、ずっとプロフィールにはペンを持った写真を使っています。実際の執筆はもちろん手書きではなくパソコンで行なうことが多いのですが、それでもペンを持った写真なら、すぐにライターだと認識できますよね。

　ワインソムリエなら赤ワインの入ったグラスを持っている写真にし

たり、IT系の人ならパソコンに向かっている写真にしたり。そういうストレートなわかりやすさが、プロフィール写真では大事です。

　どの場合でも、背景も自分の顔も明るく写っているもののほうが印象がいいので、写真は明るく写すか、写したあとにレタッチをして明るさを増しておくのがいいでしょう。

気をつけるべき2つのポイント

　自分につけた肩書きやプロフィールに合わせて、どんな構図のどんな写真にするか、考えただけでも楽しくなってきますね。

　ただ、2点気をつけていただきたいことがあります。

　1つは、目線です。小道具や風景だけのアイコンなら気にしなくて大丈夫ですが、**人物を入れる際、目線がどちらを向いているかに気を配りましょう。**

　多くのSNSはアイコンが左側にあって、右側にコメントが入ります。ということは、目線が左に向かっていると、まるでそっぽを向いているように見えてしまいます。読者から見て正面または右側に目線を

向けているようにしておくと、コメントをしたときに目線がそちら側を向くので、しっかりとコメントに向き合っているように感じさせることができます。そうすることで、親しみやすさを演出できますよね。

　気をつけていただきたいことのもう1つは、権利関係の問題です。

　自分で撮った写真であれば問題ありませんが、「テーマにぴったりな素敵な写真を見つけた」と思ってインターネットのどこかに掲載さ

れていた誰かの写真をそのまま拝借したら、それは立派な著作権法違反になります。

好きなタレントやアニメのキャラクター、人気のご当地キャラクターを無断で自分のアイコンに使うのも肖像権などの違反です。

　インターネット上にあるものは気軽に使っていいような錯覚をしている人が多いようですが、自分が作ったもの以外はあなた以外の誰かに権利があることがほとんどです。

　せっかくタネを見つけて、素敵なキャッチコピーや肩書きをつけ、プロフィールを書いていざ発信、というときに、他人の権利を侵害するようなことのないよう、十分に気をつけてくださいね。

08

まずは無料でアウトプットの
練習をしてみよう

**キャッチコピーをつけてテーマを決めたら、それをどこに書いたら
いいのか。まずは、無料のサービスを利用しましょう。**

まずはブログからはじめてみよう

　SNSの代表格であるTwitter、Instagram、Facebook、動画のYouTube、
そして音声SNSのClubhouseなどは、すべて無料で利用をはじめる
ことができます。

　私もずっと、こうした無料サービスを使っていろいろなところでア
ウトプットをしてきました。それらがすべて、私の起業のタネになっ
ています。

　その中でも、特に使っていただきたいのは「ブログ」です。ブログ
は文字数の制限もなく、しっかりと文章で伝えることができるうえ
に、写真も併用することができます。アメーバブログやはてなブロ
グ、それから、先ほど少し触れたnoteなど、さまざまなブログサー
ビスがありますが、ここではまず、ピンときたものを選んで、テーマ
に沿った記事をとにかく書きはじめてみてください。

　まずは書くことに慣れることが大切です。慣れてきたら、違うテー
マで書くときに他のブログサービスを使ってみてもいいですし、最初
に選んだブログが便利で使いやすく気に入ったのなら、同じブログ
サービスで別アカウントを作り、別のテーマで書きはじめてもいいで
しょう。

> ▶ アメーバブログ
>
> https://ameblo.jp/

「そんなに長い文章が書けない」という方は、140字以内でつぶやくTwitterにトライしてみましょう。Twitterには1投稿140字以内という制限がありますが、1トピックについて140字以内で書く、それをたくさん書いてみるというのはいい練習になります。

> ▶ Twitter
>
> https://twitter.com/

「長い文章を書くのは苦手だけれど、140字っていう文字制限を気にして書くのはもっと苦手、でも写真なら得意！」という方は、Instagramがいいでしょう。

　Instagramは必ず画像や写真を入れなければいけないので、写真を撮るのが好きな人にもおすすめです。お花が好きでスマートフォンのアルバムにたくさんお花の写真がある方なら、お花の写真をどんどん撮って、その説明文を添えればいいのです。

> ▶ Instagram
>
> https://www.instagram.com/

　Facebookは、SNSとはいっても知り合いとの交流のためのメディアなので、自分の投げかけた投稿に対する反応を見るために使うといいと思います。

あなたのFacebookは、基本的にはあなたのことを知っている人が見ているはずです。日替わりでいろいろな記事を書いてみて、どの記事に「いいね！」をたくさんもらえるのか、どの記事にコメントが多くつくのか、リサーチ目的に使うこともできるので便利です。

> ▶ Facebook
>
> https://www.facebook.com/

書くのが苦手な人は音声で伝えてみよう

その一方で、文章を書くのはどうしても苦手という人もいるでしょう。そういう方に限って、しゃべると案外饒舌である傾向があります。話しはじめたら止まらないんだけれど、文字にしようと思うとなかなか書けない。

そういう方は、YouTubeやTikTokを利用してみるといいでしょう。コメントがついたり「いいね！」をもらえたりすることを考えると、これらの動画サービスもSNSであると考えて差し支えないでしょう。

> ▶ YouTube
>
> https://www.youtube.com/

> ▶ TikTok
>
> https://www.tiktok.com/ja-JP/

また、最近は音声メディアも注目を集めています。Clubhouseやstand.fmなど、手軽にはじめられるサービスが増えているので、そ

うしたサービスを利用してしゃべってみることもおすすめです。

> ▶ Clubhouse

iPhone Android

> ▶ stand.fm

https://stand.fm/

ブログはWordPress？　無料ブログ？

　起業するにあたっては、「無料のブログサービスを利用するより、WordPressを使うべき」という意見をときどき耳にします。でも、起業の初心者には、WordPressはちょっとハードルが高すぎます。

　確かに、無料のブログサービスを使っているときのように、さまざまな規約に縛られたり、突然削除されてしまったりという心配はありません。

　しかし、WordPressはドメインやサーバー、テンプレートにお金がかかりますし、インストールしてプラグインを入れて基本設定を構築して……となると、一定の知識も必要です。

　慣れている人はもちろんWordPressを利用してもいいと思いますが、情報発信の初期は、無料サービスでも十分です。どれが好きか、どれが自分にとって使いやすいか、それを見つけるために、実際にひと通りいろいろなメディアを試してみるのがいいのではないでしょうか。

　ちなみに、私もブログは無料のアメーバブログを使っています。テンプレートもいろいろなものが用意されていますし、フォロー機能や「いいね！」ボタンがあり、コメントやシェアなどもできるので、SNSっぽく使えるところが気に入っています。

先生　愛さん

SNS を使い慣れていると思っている人は多いですが、オンライン起業に生かすには、ビジネス視点で使う必要があります。焦らずに、ひとつひとつのステップを踏んでいきましょう。

 愛さん、やってみたい SNS はありましたか？

 はい、前から私 Instagram をやってみたかったので、パステルアート用に Instagram アカウントを作ってみました。
占いについては、あまり写真が用意できないので、短い文章で書ける Twitter からはじめてみようかと思い、Twitter アカウントを作りました。

 パステルアートと占いで SNS を分けたのですね。それはいいアイデアですね！　パステルアートのほうはどんな肩書きにしましたか？

 肩書きは、まだどんな絵を描くか方向性を決めていなくて、名前だけしか入れてなかったです……。

 SNS では、パッと見て何をしている人か伝えないといけないので、「パステルアート作家　愛」といった肩書きを必ず入れていきましょう。Instagram の場合、検索窓に引っかかるキーワードが、いまのところ本文ではなく、肩書き（名前）の部分だけなんです。なので、名前のところに検索してもらいたいキーワードを入れるのが大事なんですよ。

なるほど！ では、「花と犬の癒し（いや）のパステルアート作家　愛」とかでもいいですか？

とってもいいですね！ プロフィールの写真の背景に、自分の作品を映りこませて笑顔の写真を入れてみましょうか。

会社の人や近所の人に見つかったら恥ずかしいので、顔出しなしでもいいですか？

いいですよ。では、自分の作品の写真をプロフィールの写真にしてみましょう。まだいまはリサーチ段階で、売る物もないので、自由にいろいろ試してみましょう！

はい。Twitter のほうは、「占い好きの愛」でアカウントを作りました。

とりあえずは、それで情報発信の練習をしていきましょう。
手相占いって、手のひらのシワでいろいろ見るんですよね？
文章だけで表現できるものなのですか？

スマホアプリで写真に赤線で描いて、その写真とともに解説してみようかなと思ってるんです。

それはわかりやすいですね！「金運がある人はこういう手相ですよ」などとわかりやすく発信していくと、人気が出そうですね。

私が学んできたことが人の役に立つなんてなんだかうれしいです！ ところで、Instagram なんですが、いままで描いてきた絵をスマホで撮影してアップすればいいですか？

はい、まずはそれでいいと思います。まだ作品を売る必要はないので、どんな絵が反応がいいか、いろいろな絵をアップして、「いいね！」やコメントの数を比べてみてくださいね。

でも、まだフォロワーが全然いないんです……。

では、Instagram をやっているお友だちがいれば、LINE などでお知らせして、フォローしてもらってください。そして、アートの写真をアップしたら、絵の説明を文章でしっかり書いてくださいね。

絵をアップするだけじゃダメで、絵の説明の文章も書くんですね。わかりました。

はい、その絵がどんな背景で描かれたのかというストーリーも、愛さんの絵の魅力になるんですよ。それから、文章のあとにはハッシュタグを入れておいてくださいね。

ハッシュタグって、＃のあとに「柴犬」とか「ヒマワリ」とかキーワードを入れるやつですね。あれって、何のためにつけるんですか？

まだ愛さんの存在を知らない人は、愛さんのアカウントにたどり着くことが難しいですよね。それをつないでくれるのが、ハッシュタグなんです。自分が見たい情報をハッシュタグ検索で探す人が増えています。例えば、渋谷で素敵なカフェを探すときは、「＃カフェ渋谷」で検索すると、そのハッシュタグがついている写真が一覧で出てくるので、好みのお店を探しやすくなってるんですよ。

なるほど、知らない人に、私の絵を見てもらえるようになるものなんですね。ハッシュタグは何個くらいつければいいんですか?

 Instagram のハッシュタグは30個まで入れられるので、抽象度が高いものから低いものまで、いろいろつけておくといいですね。ヒマワリの絵だったら、「# ひまわり」「# ヒマワリ」「# 向日葵」「#sunflower」のようにカナや漢字や英語で入れてみたり、「# アート」「# 花の絵」「# パステルアート」など入れてみたりしてみてください。

あとは、Instagram 独特のハッシュタグもあるので、それらも入れるといいですね。例えば「# 〜好きな人とつながりたい」みたいなタグを入れておくと、お互いフォローし合えたりするので、実際に検索してみて、いいなと思うハッシュタグがあれば、どんどん真似してみてくださいね。

 わかりました! はじめての SNS ですが、まずはやってみます!

Check!

・SNS のプロフィールには、わかりやすい肩書きを入れよう
・Instagram は写真だけでなく、説明文もしっかり書こう
・ハッシュタグを効果的に入れ、フォロワーを増やそう

占いサービスをZoomで提供して 初月から報酬が5万円に

専業主婦になったことをきっかけに

　成瀬汐里さんは、東北の地方都市と東京の2拠点で生活をしている女性です。

　東京で会社員をしていましたが、このまま定年まで続くであろう激務生活に不安を抱き、副業を行なっていました。

　副業に舵を切ることを決意し、会社員を辞め、ビジネスを本格的にはじめようとした矢先、歩行困難になるほどの病気になってしまいました。退院後、何も手につかず、自宅療養をしていたそうです。

　それでも、「何かをやりたい」という焦りはつきまとい、「何か自分にできることはないか」を探すために、起業のコミュニティへ入りました。

　同じ時期に、友人がマヤ暦アドバイザーの資格を取得していたので、その友人に協力するために、マヤ暦の講座の受講もはじめました。

　Chapter 1 で紹介した「起業のタネ探し」を汐里さんにもしてもらったところ、いろいろ経験はされていたのでタネはあったのですが、本人が「やりたい！」と思ったものはありませんでした。

　しかし、人と話すことが好きな汐里さんは、「起業のタネ探し」をもう一度見直し、いま勉強中のマヤ暦で人の役に立てたり、背中を押してあげたりすることはできないか、と考えはじめました。

　けれども、人からお金をもらってセッションをしたことはなく、あくまでも、これは自分の趣味でやろうと思って勉強を続けていた程度でした。

　まずは、マヤ暦についてもう1度学び直し、そのうえで、1人ずつ

セッションするためのモニター申し込みページを作りました。

　セッションには診断書もつけて、Zoomで1時間ほどその説明をすることにしました。

おそるおそるの募集が一気に大人気!

　汐里さんは、起業のコミュニティで、おそるおそるモニターを募集しました。

　本来は5000円相当のセッションですが、セッション後にアンケートに答えていただき、お客様の声としてブログやSNSに載せることを条件に、モニター価格2000円で募集をしたところ、なんと全国から28名の申し込みがあったのです。

　趣味でやろうと思ってはじめたことが、初月から5万円強のお金を生み出したことに、汐里さんは驚きました。

　しかも、セッションといえば、対面でするのが当たり前だと思っていましたが、Zoomで家から一歩も出ることはありません。こうした形でセッションをすることができたことに、「時代は劇的に変わったんだなぁ」と思ったそうです。

　ひとりひとりの診断も、それはそれは楽しく、そこから学ぶこともたくさんあったと言います。

　いまでは、汐里さんは、マヤ暦の資格にチャレンジしており、それが取得できたら、個人のセッションはもちろん、マヤ暦を勉強したい方へ向けた講座も開催することができます。

　セッションで人と話すことや、ブログに記事を書くことが楽しみになった汐里さんは、会社員時代よりも、直接お客様から「ありがとう」を言ってもらえる、起業という働き方にやりがいを感じています。

発信でお客様の
反応をつかんで、
商品、サービスを
オンラインで作ろう

起業のタネごとにプロフィールを作り、それに合わせたテーマについていろいろなメディアで発信をはじめると、「いいね！」がつきはじめたり、「それはどういうことなの？」とコメントが入ったりしはじめます。そうした受け手からの反応を掘り下げることで、チャンスは拡大していきます。

09

理想のお客様は
あなたが決めていい

SNS で情報発信をするときのコツは、理想のお客様像を設定し、その人に向けて書くこと。届くべき人の心に刺さる文章を書いていきましょう。

「予想外の反応」に成功のヒントがある

　自分では「これはきっといろいろな人からの反響があるはず！」と思ったことに、それほど反応がなかったり、何を書こうか迷って、無理やりひねり出したような投稿に、たくさんの「いいね！」やポジティブなコメントがついたり……。そんな「予想外の反応」があるかもしれません。

　この「予想外の反応」が、実はとても大事なのです。あなたの目線からの評価ではなく、他人が何を求めているのかという評価を見極めることが、起業を成功させる秘訣だからです。Chapter 2 で「発信してみましょう」と言ったのは、SNSでいきなり集客をするためではなく、この「反応」を見るためなのです。

　このChapter 3 では、いよいよ自分の商品やサービスは何がいいのかを選定していきます。もしかしたら、まだ迷いや不安があるでしょうか。でも大丈夫。あなたのオンライン起業を成功させる道しるべを、あなたはすでに手に入れているのですから。

ネガティブな反応は「受け止めない」

　ところで、SNSで情報発信をしてその反応を見るときに、絶対に

間違わないでほしいことがあります。それは、「すべての反応を平等に受け止めようとする」ことです。

「予想外の反応」は、決してポジティブなものばかりではありません。こちらがまったく想定していなかった方向から、想像を超えるようなネガティブな反応をしてくる人もいるものです。その反応は、もしかしたらあなたを深く傷つけてしまうかもしれません。

　人間はどうしても、仮にいい反応が99あって悪い反応が１あったとき、悪いほうの１ばかりを気にしてしまう傾向があります。

　でも、１を気にするあまり99を無視してしまってはいけません。ポジティブな99とネガティブな１、いまの時点ではどちらがあなたにとって大切な存在か、わかりますよね？

　例えば、企業研修の講師をしている私の知人が、こんな経験をしました。新入社員向けのビジネスマナーの本を出版したときのことです。マナーというより、社会人としての基礎の基礎を網羅したもので、それはタイトルを見れば一目瞭然のことでした。

　ところが、この本のAmazonレビューに並んだいくつかの感想の中に、「初歩的な内容でがっかりした。社会人なら知っていて当然のことばかりで、この本に対して不信感を持った」というものがありました。

　そもそもこの本は社会人になる人に向けて書かれた、基本中の基本を伝えるものです。このレビューを書いた人は、ビジネスマナーに斬新さや高度な内容を期待していたようですが、そういう人はもともと想定している読者に含まれていません。対象外なのです。

　もし著者である私の知人が、この批判的なレビューを意識するあまり改訂時に本の内容を変更してしまったら、コンセプトから大きく外れた別の本になってしまいますよね。そして、本来ターゲットとしていた読者層の人々が、置いてけぼりをくらってしまいます。

　そうなってしまっては、誰の心にも刺さらない、誰からも必要とされない本となってしまうことでしょう。

自分のお客様が誰であるのか、それを見失ってはいけません。そのためには、自分がこの人に届けたい、この人だったら喜んでくれる、というお客様像をちゃんと最初に決めてほしいのです。

「理想のお客様像」を設定しよう

　私が15年前にはじめて開催したセミナーは、アフィリエイトに関するものでした。いまではなくなってしまったサービスですが、大手検索サイトに被リンクを張ることができるテクニックを解説する、というものでした。

　その頃は、良質なサイトからリンクをされている数が多ければ多いほど、検索で上位に表示されるという仕組みがあったので、当時アフィリエイトをしていた人たちにとっては、喉から手が出るような情報でした。

　でも、アフィリエイトをしていない人にとっては関係のないことです。「よくわからないけれど何かお金を稼ぎたい」という主婦の方や、副業にちょっと興味のある会社員がその情報を得ても、1円の得にもならないわけです。

　そのときのセミナーでの情報は、「アフィリエイトをやっていて、被リンクがほしい人」という明確なターゲットがあったので、そのセールスページにもはっきりとそのことを書きました。

　アフィリエイトをやっているけれどなかなか検索の順位が上がらなくて悩んでいる人に向けて、「もっと良質なサイトからリンクしてもらえるノウハウを知りたくありませんか？」というふうに、ターゲットとなるお客様像を明確にしたのです。すると、該当する条件にピタリとあてはまる人たちに届いていきました。

　それを「誰でも歓迎！　みなさんぜひやってみてください」という書き方をしたら誰も振り向きません。「この人に届けたい」という理想のお客様をしっかりと描き切ることが大切です。

　この理想のお客様像を、マーケティング用語で「ペルソナ」といいます。「ペルソナ」は曖昧ではいけません。年齢は？　性別は？　職

業は？　家族構成は？　趣味は？　いま何を一番大切にしている？
などなど、できる限り具体的に明確に定めておく必要があります。

明確な、たった1人のお客様をイメージする

「そんなに具体的にターゲットを絞ってしまったら、対象者が減っ
て、見込みのお客様を狭めてしまうのではないか」と心配する人もい
るかもしれません。でも、それは初心者がビジネスをはじめるときに
陥りがちな間違いです。

　想像してみてください。多くの人でにぎわう都会のスクランブル交
差点で「そこのあなた！」と呼んでも、誰も振り向きませんよね。

　でも、「赤いリュックを背負って白いメガネをかけたあなた！」と
叫んだら、きっと振り向く人はいるはずです。

　実際に赤いリュクを背負って白いメガネをかけた人なら、「えっ、
私のこと？」と思って振り返るでしょうし、全然それに該当しない人
でも、「ここに赤いリュックで白いメガネをかけた人がいるのかな？」
という興味を持って、振り向くこともあるでしょう。

　ペルソナというのは、**具体的かつ詳細に人物像を描けば描くほど、
対象となる人にしっかりと刺さります**。それだけでなく、そのペルソ
ナに興味のある人や周辺の属性の人たちにも、確実に響くのです。

私が起業塾をはじめたときにも、明確な、たった1人のお客様をイメージしていました。次のような形です。

◆ たった1人のお客様をイメージする
・38歳の女性
・結婚している
・子どもがいる
・いまは専業主婦
・四年制の大学を卒業している
・社会人経験がある
・能力が高く、勉強も仕事もがんばってきた
・子どもの手が離れたら何かはじめたいと思っている
・自分の得意なことで役に立てることはないかと考えている
・関東のどこか郊外に住んでいる
・持ち家がある
・車もある
・すごく幸せに暮らしているけど、何かちょっと満たされない

　こんなふうに、まるでリアルにそういう知り合いがいるんですかと思われるような、具体的なお客様像をイメージしました。
　ここまでペルソナを明確にしたので、実際に塾をはじめてみたら本当に30代のママたちが多く集まりました。
　そればかりでなく、驚くことに2割が男性、1割がシニアの方でした。さらに学生の方もいました。未婚の女性もいました。細かくペルソナを決めて呼びかけたことで、その周辺の属性の人も反応したのです。
　サラリーマンの男性の方は、「自分はいまフルタイムで働いていて時間がないけれど、一般的に考えて自分の時間を取りづらい子育て中のママができることだったら、自分にもできるんじゃないか」と思って参加したそうです。
　学生の方はこのまま就職することに不安を感じていて、「いま勉強

しておくと何か将来の役に立つかもしれない」と思って申し込んだの
だそうです。そんな若い人が私の起業塾に興味を持つなんてちょっと
驚きましたが、彼女は「MOMOさんの呼びかける文章がすごく響い
たんです」と言っていました。やはりペルソナを決めて発信すること
で、響く人たちにはきちんと響くのだなと、そのとき再認識しまし
た。

　これもきっと、ターゲットを広げようとするあまりにペルソナを曖
昧にしていたら、きっと届くべき人に届かず、誰の心にも刺さらない
ものになっていたでしょう。

イヤなお客様は来なくなる!?

　ペルソナをできるだけ具体的かつ詳細にすることのメリットは、実
はもう1つあります。それは、まったく的外れのお客様がやって来な
くなるということです。

　私の起業塾にはこれまで1000人以上の卒業生がいますが、「この人
イヤだな〜」とか、「この人は無理!」というような受講生は1人も
いません。やはり、あらかじめ「こういう人に、こういうことを学ん
でほしい」とハッキリさせているので、そこから外れるおかしな人
や、ただラクをして儲けたいという類の人は来ないのです。

　ペルソナとは、言ってみればあなたの理想のお客様を決めること。
その人物像は、あなたが自由に決めていいのです。あなたが大好きな
人物像でいいので、ぜひじっくり考えてみてください。

10

理想のお客様がよく見ている
インターネットメディアは何?

さまざまな SNS がある中で、「どの SNS を使えば、想定した理想の
お客様にアプローチしやすいか」ということを考えていくことが大
切です。

それぞれのSNSで利用者層が異なる

　Chapter 2 では、さまざまなSNSを体験していただきました。それ
ぞれのSNSに特徴があり、あなたにとって使いやすいものとそう
でもないものもあったかと思います。

　実は、Chapter 2 で体験してもらった理由は、優劣をつけるためで
はなく、SNSごとの特性をしっかりと把握してもらうためでした。

　単に誰かから説明されてそれぞれのSNSをお勉強するよりも、**実
際に自分で触れて、使ってみて、失敗もしてある意味苦労もしてみる
と、はるかにそのSNSの特性を知ることができるのではないでしょ
うか。**

　例えば、Facebookは主な利用者層が比較的年齢が高めで、実名登
録が基本のためか、ビジネスをしている方がよく利用しています。逆
に、実名を出したくない人はあまり利用していない傾向があります。
主婦や学生の利用はそれほど多くないようですね。

　Twitterは140字の投稿制限があるため、即時性が高く、学生など、
若い世代中心に活用されています。

　では、主婦層が多く利用しているSNSは何でしょうか。人による
かもしれませんが、比較的多くの主婦が利用しているのがLINEで

す。家族間でメッセージをやりとりするのにも使いますし、保護者同士の連絡にもLINEはよく使われます。LINEは、SNSというよりもメッセージアプリとしての認識が強いかもしれません。

ところがLINEは、個人同士でメッセージをやりとりするだけのものではありません。LINE公式アカウントを使えば、「1対多」で発信ができるので、ビジネスとしても多くの人に利用されています。

ただ、LINE公式アカウントは、相手にまず友だち追加をしてもらわないといけません。ですから、何らかのSNSと組み合わせて友だち登録を促す必要があります。

その「入口」として、主婦向けならばやはりInstagramです。Instagramは、自分の名前や顔を出さず、匿名で発信することができます。文章を書くことが苦手な人でも写真を投稿して短い言葉を添えればいいだけなので、主婦を含め、気軽に利用する女性が多いようです。

Instagramは写真を投稿することがマストですが、写真を撮るのが苦手だなという人は、Twitterを利用しましょう。140字以内の短い文章でOKなので、「Tweet（＝つぶやく）」という文字通り、思ったことをその場でサクサクッと投稿することができます。ブログのように長い文章の構成を考える必要はありません。即時性が魅力です。

写真よりも動画が得意な人は、YouTubeを利用するといいでしょう。動画という点ではYouTubeよりもっと短い動画を気軽に投稿できるTikTokもいいかもしれません。ただ、TikTokを利用しているメインの年代は10代から20代の若者層で、ビジネスマンはあまり利用していません。

Facebook……実名が基本。経営者やビジネスをしている人が使っている傾向がある。

Twitter……学生など、若い世代が主に使っている。140字以内の投稿なので手軽。即時性がある。

Instagram……写真がメイン。女性が多く利用している。

　こうしたことからわかるように、それぞれのSNSで利用者層が異なっています。ここで大事になってくるのは、**どのSNSを使えば、前項で想定した、「理想のお客様にアプローチしやすいか」ということです。**

　自分はFacebookが好きでも、想定した理想のお客様像が主婦である場合は、Facebookをメインに発信するのはあまり効果的ではありません。10代や20代の若年層を理想のお客様としている場合は、TikTokはとても有効です。でも、大学生くらいの年齢層を狙うなら、Twitterも見逃せません。

　自分の理想のお客様を具体的に描いたら、その人が普段よく触れるSNSは何なのか、おのずと導き出せることと思います。そういうふうに、自分の理想のお客様がよく見ているであろうインターネットメディアを組み合わせて発信していきましょう。

　そして可能であれば、「入り口のSNS」は１つだけでなく、２つ、３つと取り入れてみてください。１つだけでも続けるのが大変なのに、２つも３つも、そんなにネタがありません……と思ってしまった方も、安心してください。

　例えば、Facebookに投稿した文章と写真のうち、写真をきれいにレタッチしてInstagramに投稿し、文章は短く区切ってTwitterに投稿する、といったように、複数のメディアに同じコンテンツを出すことはまったく問題ありません。さらに、その内容をClubhouseでしゃべってもいいでしょう。

　この「入り口のSNS」には、何か情報を集めたい人たちよりも、交流が楽しくて、いろいろな人たちの発言や投稿を楽しみたい人たち、目的がそれほど明確ではない人たちが集まっています。だからこそ、自然な口コミなどが起きやすく、拡散力があるのです。ここでのネタの使いまわしはOKです。できれば１つに絞らず、いろいろなSNSにお客様との接触ポイントを用意しておいてください。

発信するテーマは1つに絞る

特にInstagramは全体の世界観が好感度を左右するので、アロマのことを発信するならアロマのことのみ、英語についてのテーマであればそこから外れない投稿をする、ということを忘れないでください。

そうやって理想のお客様がよく見ているインターネットメディアでテーマ発信をしたら、必ずLINE公式アカウントなどに誘導するような流れを作ってください。プロフィールのところにLINE公式アカウントのリンクを入れておけばOKです。

こちらはフォトグラファーであり、写真教室もされているMihoさんのInstagramですが、美しい写真の撮り方を伝えています。プ

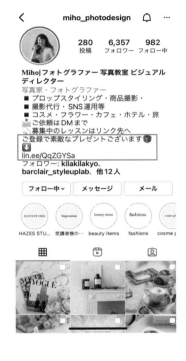

ロフィールのリンクからLINE公式アカウントから友だち追加をすると、プレゼントがもらえるように上手に誘導しています。

TwitterやInstagram、YouTube、TikTok、FacebookといったSNSは拡散力があるので、さまざまな人の目に触れる機会があります。その世界観に惹かれ「この人は私に何か素敵な情報を与えてくれる人に違いない」と思ったら、きっとLINE公式アカウントにも友だち追加をしてくれるはずです。この一連の流れが、オンラインで行なうビジネスの「集客」の基本となります。

11

アウトプットの反応を見て、商品、サービスのメニューを考えてみる

「発信」でアウトプットしたことへの「反応」は、「いいね！」や、コメントなど、さまざまです。そうした「反応」こそが、まさに「市場のニーズ」なのです。

「自分にとっては当たり前」に価値がある

　あなたが感じた「予想外の反応」の中には、おそらく「自分にとっては当たり前だと思っていたことが、他人にとってはそうではなかった」ということがあったのではないでしょうか。

　1つ例をご紹介しましょう。私の起業塾の生徒で、断捨離のついでにメルカリにどんどん出品している人がいます。その数は何百にものぼり、売上もまずまずでした。

　そこで彼女は、お試し発信として、SNSでメルカリの出品について発信しました。そうしたら「私もやってみたいから教えて」という反応がたくさん来たのだそうです。

　彼女にしてみたら、「いや、教えるも何も、こんなの簡単だよ？」という気持ちだったそうですが、せっかくリアクションをもらったのだからと、試しにメルカリの出品の話をする機会を設けようとお茶会を企画して参加者を募ったら、希望者多数であっという間に満席になったのだとか。

　彼女はびっくりしていました。彼女にとっては、誰から習うこともなく普通にやっていたメルカリの出品なのに、そのやり方がわからなくて、出品できない人がこんなにたくさんいるのか、と。

一度のお茶会では対処し切れず、3回開催して毎回が満席となり、さらに、「有料でもいいからマンツーマンで教えてほしい」という希望者まであらわれました。

　そればかりでなく、「時間がなくて自分では出品できないから出品代行してほしい」とか、「アカウントの作り方や写真の撮り方、文章の書き方を教える塾を開いてくれないか」と頼まれたりもしたそうです。

　彼女のケースのように、自分にとって当たり前にできることが、他の人からしてみたらハードルが高いと感じたり、お金を払ってでも代わりにやってほしいと望まれたりすることは案外あるのです。

　ぜひSNSで情報発信をして、こうした反応があることにまず気づいてください。その反応こそが、自分の商品やサービスを作る大事なヒントになるのです。

　メルカリの出品の彼女の例で考えると、Zoomなどを使ったオンラインセミナーとして、1時間いくらでメルカリ出品の基本を教えるというサービスを作ることができます。

　出品代行だったら、いらないものを段ボールに入れて送ってもら

い、アカウントの管理まですべて行なって、売れたら売上から30％や40％をもらって残りを振り込む、というようなサービスを作ることができますよね。

　こんなふうに、お客様のニーズから作る有料サービスがないか、あなたの発信に対する反応の中から探してみてほしいのです。

　起業塾の別の生徒の例では、手作りのアクセサリーの写真をInstagramにアップしていたら、「すごくかわいい！」「これは販売していますか？」など、さまざまなコメントがついた方がいます。彼女は「私なんかの手作りアクセサリーを買ってくれる人がいるんだ！」とすごく驚いていました。

　さらに、「私にも作り方を教えて！」という要望も、予想外に多かったそうです。そこで、材料や作り方、型紙がある場合は型紙を、最初は無料でおわたししていたそうです。しかし、希望者の数が増えてきたので、試しに手作りマーケットサイトで有料で販売し、その販売URLをInstagramで発信したら、けっこう売れたのです。

　販売するのは、何も「モノ」だけではありません。英語が得意な人が、SNSで「字幕なしで洋画を見ることができます」と書いたら、「英語はどこで勉強したの？」「リスニングってどうやって勉強したらいいの？」などなど、質問という形でさまざまな反応がありました。**質問や問い合わせがあるということは、すなわち、そこにニーズがあるということです。**この方の場合、自分よりも英語が苦手だとか詳しくないといった人に向けてサービスを作るとしたら、どんなものがあるか、そこにチャンスがあるわけです。

好きでやっていることは積極的にSNSで発信しよう

　主婦の方には、料理が好きで得意とか、パンを作るのが好き、お菓子を作るのが好き、といった人も多いでしょう。そんな中に、こんな例がありました。

去年のクリスマスに、「シュトーレンというお菓子を自分で作った」とSNS投稿した人がいました。「クリスマスシュトーレンは、買う物だ」と思っていた私はとても興味がわいて、その人に「それって私でも作れるの？」と尋ねてみました。

　そうしたら、「これすごい簡単なんですよ」という回答が。さらに、「ただ、材料をそろえるのは大変だから、材料はこちらで一式買いますね。それをMOMOさんに送りますから、Zoomをつないで一緒に作ってみましょう」という話になりました。そのやりとりを見ていた他の人も参加することになって、4人でレッスンをしてもらうことになったのです。

　あらかじめ届いた材料の中身は、いちじくやクルミ、レーズンやシロップ漬けのフルーツにシナモン、それに小麦粉や砂糖など。それらが必要な分量に計量されて送られてきました。

　当日はZoomをつないだら、まず材料を混ぜてこねるところからスタートし、オーブンで焼いている間はみんなでおしゃべりをして待ち、本当に2時間くらいでシュトーレンが出来上がったのです。

　彼女からは「材料費と送料だけください」と言われましたが、お店で普通に買ったら5000〜6000円くらいするのに、材料費と送料の3000円程度ですんでしまうので、お店で買うよりもはるかに安いわけです。

　だったら、これに4000円とか5000円程度の値段をつけて、オンラインでシュトーレンを作るキットみたいにして売ったらいいですよね。このように、パン作りが好きで、毎年家族のために普通にやっていたシュトーレン作りがビジネスになったのです。

　好きでやっていることは、どんどん積極的にSNSで発信しましょう。そこに質問や問い合わせ、「それ教えて」と聞かれることがあったら、それは全部、有料メニューのヒントになるのです。自分にとって当たり前で、たいして珍しくもないことでも、遠慮しないでアウトプットしてみてください。

12

「人集め商品」と
「本命商品」を作ろう

お客様が来なければモノは売れません。そこで、まずは気軽に手を出しやすいリーズナブルな商品（サービス）を作って集客し、次に本命商品（サービス）の紹介につなげていく、という展開を考えます。

「人集め商品」を作るコツとは？

　さて、ここからはもう少し具体的な自分の商品やサービス作りに入っていきます。

　いくらお客様があなたの世界観に興味を持ったとしても、リアルで会ったことがなかったり、つながりが薄かったりする場合は、お客様はモノを買うときに慎重になるものです。

　それは仕方がありません。「騙されたらどうしよう」とか、「支払った金額以上のものやサービスが提供されなかったらどうしよう」「自分が期待しているものじゃなかったらどうしよう」など、誰しも不安になります。

　そのため、**まずは気軽に手を出しやすいリーズナブルな商品と、もっと関係性が築けてきてから紹介する本命商品、最低でもこの2つのサービスメニューを作る必要があります。**

　気軽に手を出しやすいリーズナブルな商品は、「このくらいだったら払っても惜しくは

ない」という金額に設定します。私は「人集め商品」と呼んでいますが、マーケティング用語では「フロント商品」と呼ばれています。

この商品では、実際には利益を出さなくてもいいのです。とにかく多くの人に買ってもらうことを意識してください。かといって、利益がマイナスになるような価格設定にする必要もありません。トントンになるくらいの価格設定で商品やサービスを作ってみてください。

その一方で、「本命商品」はガッチリと力を入れて質を高め、内容も濃くして、利益もしっかり出す必要があります。この2段階でサービスを設計してみてください。

「人集め商品」を作るコツは、お客様の悩みを顕在化することです。「こんな悩みがあって、この悩みを解決しないとまずいな」と思わせるのです。その悩みを全部解決するのではなく、例えば10の悩みがあるとしたら、1個か2個を解決するくらいでいいのです。

1個、2個の悩みを解決できたら、「実はマンツーマンでしっかり時間をとってやる、もっとちゃんとしたサービスがあるんです。金額はこれくらいです」と案内します。すると、「今日この安い金額で悩みが2つも解決できたんだから、残りの8つも解決できるのならぜひお願いします」というふうにつながっていきます。

このような2段階でお客様の悩みを解決するような設計を、ぜひやってみてください。

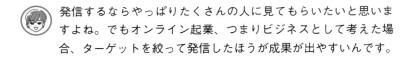

SNS での発信に慣れてきたら、次はビジネスでどのように活かしていくかを考えます。まずは理想のお客様を決めることからはじめましょう。

発信するならやっぱりたくさんの人に見てもらいたいと思いますよね。でもオンライン起業、つまりビジネスとして考えた場合、ターゲットを絞って発信したほうが成果が出やすいんです。

愛さんの Instagram や Twitter を見てもらいたい「理想のお客様」を、愛さんが決めていいということです。明確なたった1人のお客様にメッセージを届けるつもりで発信しましょう。

なるほど。だったら私の Instagram は、私と同じ30代後半のワーママで、忙しい中にも心の余裕がほしいと思っている人。お花や犬が好きで、癒される絵を Instagram 上で見たいと思っている女性です。

Twitter のほうは、占い好きの女性で、自分のことをもっと知りたいと思っていたり、自分の運勢を上げたいと思っている人ですね。こうやって言語化すると、発信する際にもブレなくなりますね。

そうなんです。だから、発信の前にその方の姿を思い浮かべてから書くといいですよ。

先生、Facebook も気になっているんですけど、これもやったほうがいいんですか？

愛さんの理想のお客様はワーママですよね。Facebookは経営者や起業家の利用が多く、実名でお客様との交流として使っているケースが多いので、「パステルアートに癒されたいママ」はあまり使っていないかもしれませんね。

お客様がどのSNSを使っているかで、こちらが使うSNSを決めればいいんですね。

そういうことです。Instagramに投稿したときのコメントから有料サービスのヒントが生まれることもありますから、これからもコメント欄でのやりとりを楽しんでみてください。

そういえば、うちの犬のパステルアートをアップしたら、知人が「うちのワンコの絵もほしいな〜」とコメントくれました。

だったらその方にお願いして、モニターになってもらいましょう。無料あるいは材料代や送料程度の安価で、パステルアートのモニターを募集するんです。この目的は利益を出すことではなく、愛さんのサービスを多くの人に知ってもらうためです。お客様の声をSNSに載せることで、口コミ効果も発生しますよ。

楽しそう！ さっそくモニター募集をしてみますね。

Check!

・明確なたった1人のお客様に届けるつもりで発信する
・お客様がどのSNSを使っているかで、使うSNSを決める
・お客様とのやりとりを楽しみつつ商品のヒントを考える

Chapter

4

オンラインで
「人集め」をしてみよう

オンラインで扱う商品を決めたものの、誰にも
知ってもらえなければ売れるものも売れません。
次はお客様を集める段階です。集客もオンライン
で効果的にやっていきましょう。

13

「人集め商品」を作るために
Zoomを活用してみよう

コロナ禍でリモートワークが普及し、Web会議システムはとても身近な存在になりました。なかでもZoomは、Web会議システムの代名詞となり、急速に浸透しています。

開催のハードルも、参加のハードルも下がる

　お客様が気軽に手を伸ばせるような「人集め商品」を作るにあたって、ぜひZoomを活用しましょう。

　Zoomは、パソコンからならアプリをダウンロードしなくてもインターネットブラウザからアクセスできることや、スマートフォンなどのモバイルデバイスからでも簡単に参加できるといった手軽さから、大学や高校のリモート授業でも大多数で採用されるなど、若者の利用率はLINEに迫る勢いとなっています。

　新型コロナウイルスの感染が広がる前だったら、前項で述べた通りホテルのカフェなどを利用して、お客様と実際に顔を合わせてお茶会をしたり、貸し会議室やレンタルスペースを借りてミニセミナーを開催したりすることをおすすめしていました。

　しかし、コロナ禍で集会をすることが難しくなったため、いまはリモートでのミーティングやセミナーを行なうことをおすすめしています。

　それは、いわゆる3密（密閉、密集、密接）を避けるという意味もありますが、もしも今後、新型コロナウイルスへの対策が万全な世の中になり、対面でのミーティングが可能になったとしても、引き続きZoomを活用したほうが便利だからです。

　その理由は、たくさんあります。手軽で、電波のつながる場所ならどこからでも参加できるので、お客様にとって場所を選ばずに便利だという点です。

　もしお茶会やセミナーのように会場を設定して開催するとしたら、お客様はそこまで出かけなければなりませんし、SNSを通じて申し込んでくれた面識のない人なら、知らない人の主催する集まりのためにわざわざそこまで出かけていく、というのは心理的なハードルが上がるかもしれません。交通費も時間もかかりますね。

　その一方で、Zoomならば、主催者側としても会場の手配をする必要がありません。適切な会場を探し、予約をして、会場代を支払い、設営をする……といった手間が、Zoomならすべて省けてしまいます。

　お客様側と主催者側、どちらにとっても便利で手軽なうえに、開催のハードルも参加のハードルも下がるので、コロナ禍が去ったとしてもこれを使わない手はないわけです。

　では、Zoomを使って「人集め商品」を知ってもらうための場を主催するにあたって気をつけたいことを、ここからいくつか挙げていきますね。

相手にも話してもらう時間を作る

　会を主催するとなると、「はりきって何か知識を教えなくちゃ！」と肩に力が入ってしまいがちです。しかし、主催者がそんな様子では、参加しているお客様にも緊張を強いてしまいます。もっとリラックスしましょう。

　主催する本人がずっとしゃべっていて、参加している人たちはただ聞いているだけ、となると、実はお客様が本命商品にたどり着く確率がぐっと下がってしまいます。話を聞かされているだけだと、満足度が下がってしまうという傾向があるのです。

　人は誰でも、話を聞いてもらいたい生き物です。たとえ引っ込み思案の人見知りさんだって、本当は話を聞いてもらいたいのです。そして、共感してほしいのです。特に女性にその傾向があります。話を聞いてもらうことで承認欲求も満たされるわけです。

　それなのに、一方的に主催者がしゃべってただそれを聞いているだけだと、ストレスが溜まってしまいます。ましてや、売り込もう、売り込もうという下心が全開では、お客様は逃げてしまうでしょう。

　ですから、**たびたび参加者に質問を投げかけることが大事です。投げかけて、参加者にしゃべってもらう時間を多くとるように心がけましょう。**チャット欄にコメントしてくれるよう呼びかけるだけでも、参加者も飽きずに参加することができます。

相手の悩みは「解決しすぎない」

「人集め商品」のような低額のものや無料のものに参加する人は、ここですべてを解決できるとは期待していないはずです。それよりも、主催者の人柄や、どんな感じなのかな、と雰囲気を確かめに来ていることのほうが多いのです。

　主催する側は、つい解決策を与えなくちゃと思いすぎてしまうことが多いのですが、実は、そんなことは求められていないのです。

人はお金を払ったときに、はじめて支払った分を受け取ろうという気持ちができます。「人集め商品」ですべて解決してしまったら、その先の本命商品が必要なくなってしまいます。

ですからこの段階では、お客様の悩みを解決しすぎない。そのほうが実は、「本命商品」の成約率が高くなると、私は感じています。

「本命商品」の紹介タイミングはココ

「本命商品」の金額を、私は少し高めにしてもいいと思っています。払った分だけ受け取れるということは、たくさん払えば払うほど覚悟が決まるということです。

例えば、ダイエットの本命商品が30万円としましょう。「30万円払ってこのプログラムをやります」となったら、支払った分をドブに捨てるような結果にならないように真剣に取り組むはずです。

でも、最初の「人集め商品」が無料だったのに次のプログラムがいきなり30万円だと、やっぱり人はちょっと悩んでしまうものです。

ですから、「人集め商品」の次には個別相談を行なって、さらにしっかりとお客様の悩みを聞いて、共感します。そのうえで、同じ悩みをすでに解決できている別のお客様がいるのであれば、その事例をお伝えし、「こういうふうにすることで、あなたの悩みを解決できます」と伝えてあげることが大切です。

お客様にとっても、個別相談はこちらの商品やサービスを見極める時間です。「人集め商品」のときのように、単に話を聞いてあげて満足度を高めることが目的ではなく、「あなたの問題を解決するために、この商品やサービスが役に立つ」ということをお客様自身に理解していただくことがゴールなのです。

オンライン個別相談後のフォローを怠らない

それでも、お客様はなかなか高額商品やサービスを購入する決断が

できないかもしれません。

　例えば、私が主婦向けの起業塾で無料の説明会をしたあとに個別相談をして、本命商品である25万円の塾の説明をしたとき、こんな反応を受けました（ちなみにいまの起業塾ですが、内容はそのままで、高額ではなく月額数千円で学べるスタイルになっています）。

「旦那が反対する」
「25万円なんて、いまそんなお金がない」
「時間がなくて、やれるかどうかわからない」

　その気持ちも、すごくよくわかります。自分の自由になるお金がないから、多少なりとも自分の力で収入を得たいと思って主婦向け起業塾に興味を持ったのに、収入を得るどころか、先にそんな大金を支払わなくてはならないなんて……という気持ち、よくわかります。

　そういうときでも私は、お客様の感情に寄り添います。「いますぐに起業塾に入らなくてもいいんですよ」と言います。けれど、そうしたメールやLINEのやりとりをしている中で、話をしっかり聞いてあげると、悩みを解決する糸口が見つかったりするのです。

「旦那が反対するんですよね……」と言っていた人には、次のようにお客様の話にしっかりと寄り添ってあげるのです。

「旦那さまに、相談されましたか？　ちゃんと話してみたら、意外に『いいよ』って言ってくれるかもしれませんよ。例えば、こういう言い方で話してみたらどうでしょう？」

　ちなみに、こういうケースでは旦那さんに話してみると、「ぜひやってみなよ」と言われてお金も出してくれた、なんていうパターンがけっこう多いのです。

「旦那さんが反対する」という思い込みを外してあげることも、寄り添ってあげることの１つなんじゃないかと思っています。こうしたフォローの手厚さで、私のファンになってくださった方もたくさんい

るのです。

　やりとりの中でお客様が知りたいのは、突き詰めていくと、あなたの人柄とか、この人のサポートってどこまで丁寧にしてくれるのか、ということです。個別のやりとりになったときほど、そこはシビアに見られます。

　私はメールを送るときも、用件だけ書くとかではなく、お客様の言葉の奥にある感情に耳を澄ませて、求められていることを差し出す、ということを続けてきました。だから個別相談後のフォローメールでの成約率がとても高かったのだと思います。

　多くの人は「時間がない」「お金がない」「自信がない」と、やらない理由を探すことに一生懸命になりがちです。しかし、そこに寄り添って、何回もメールやメッセージの往復をしているうちに覚悟が決まる人も多いのです。高額商品であればあるほど、細かいフォローをしっかりしていく必要があるのです。

「本命商品」は、お客様の「悩み解決」に力を入れよう

　「本命商品」をお申し込みくださったお客様は、もうお金を払って覚悟を決めてきているわけなので、その覚悟に応えられるよう、お客様の悩みの解決に力を入れましょう。

　それを解決してあげてお客様が満足する、しかも期待以上の満足だった場合、「素晴らしかった」とSNSに投稿したり、ブログに書いたり、人に紹介したりしてくれることもあります。

　本当に価格以上の価値を提供して、その方の悩みをしっかり解決してあげると、それが実は次につながっていくのです。

　逆に、解決しなかったら悪い噂を立てられたり、変なことを書き込まれたりすることもあります。力を入れるべきところは、本命商品で悩みを解決するということ。覚悟を決めてお支払いくださったお客様の、その覚悟にしっかりと応えましょう。

14

SNSで無料モニターを募集して、「お客様の声」で集客しよう

SNS を利用した集客の流れ、売る商品を考えたら、「無料モニター募集」をしましょう。一定期間、無料でサービスを提供して、その感想をもらい、それを SNS などに掲載することで集客につなげます。

「口コミ」でお客様は動く

　いきなりサービスをはじめても、経験のない人のところにいきなりお金を払って申し込もうという人はほとんどいませんよね。海のものとも山のものともわからないわけですから。

　私のまわりでも、「仕組みを作ったから、さあ有料サービスでお客様を募集！」と張り切ってみても、なかなか反応が得られない、という人がたくさんいます。

　まず、お客様の声を集めてください。一定期間、あるいは一定の条件で、無料でサービスを提供して、その感想をいただくのです。

　お客様の声は、とても重要です。例えば、食べログのようなグルメサイトでお店を探すときに、口コミがまったくないお店よりも、実際に利用した人の感想が書き込まれたお店のほうが安心して利用できるような気がしませんか？

　美容院やネイルサロンなどでもそうでしょう。実際に利用した人がどう感じたか、それが書かれているサービスなら、安心して選べるのではないでしょうか。自分で宣伝するよりも、むしろ効果があります。「お客様の声」で、その効果を狙うのです。

口コミを効果的に集める方法

　モニターを募集する際の条件として、「『お客様の声』としてSNSなどに掲載するための感想をお願いします」と明記しておきましょう。できれば写真と名前も掲載させてもらう許可を得ておくといいでしょう。

　SNSに掲載するお客様の声は、実際にはいくらでも捏造ができます。しかしながら、捏造されたお客様の声では何の効果もありません。

　実際に利用した人のリアルな声を掲載するからこそ、そのあとに利用を検討している人にとって参考になるのです。名前や写真も添えられた「お客様の声」なら説得力があるのです。

　ですから、「実名が出せて顔写真も載せられる方限定で、無料モニターを10名募集します」というような形で募集をしてみてください。

　そのときに、**単なる感想だけでなく、「どこがよかったのか」「どう改善したらもっとよくなるか」「今回は無料だったけれど金額がどれくらいなら受けたくなるか」**などを聞き取っておきましょう。

　適正価格については、利用者の声が非常に参考になります。自分では安く見積もってしまったり、値段を高くつけすぎてしまったりしがちだからです。

　特にChapter 1でテーマを見つける際に、「自分にとって難なくできる当たり前のこと」からスタートしている人が多いと思います。「自分では当たり前だから1000円くらいでいいかな」と思っても、モニターさんに聞くと、「いやこれは5000円くらいでもやりたい」などといった率直な答えが返ってきたりするものです。適正価格を他人の価値判断もぜひ参考にしてください。

　私も、前述した良質な被リンクを集めるワザについての商材を作るときに、30人くらいに無料でその商材をわたして、役に立つか、足りない情報はあるか、よかったところはどんなところか、適正価格はいくらか、というアンケートをとりました。

そうしたら、「もっとここを詳しく説明してほしい」とか「ここがちょっとわかりにくかったから補足してほしい」などたくさんの声が集まりました。その声を参考にして商材をブラッシュアップできたので、本当に助かりました。

　また、適正価格については、どれも私が想定していた5000円をはるかに超えていました。なかには5万円、10万円という声もあったほどです。それらの平均をとって価格を設定したら、1年で1000人を超える人がその商材を買ってくれたのです。

　私が考えていた5000円で販売していたら、きっと「5000円ならその程度のことしか書いてないんだろうな」と思われて、見向きもされなかったかもしれません。逆に、10万円という声があったからといってその金額で販売したら、さすがに高くて気軽には買えないという反応が多かったかもしれません。

　さて、こうして集めたお客様の声を、SNSで発信していきましょう。モニター募集も、お客様の声も、実は「予告」になります。たとえその時点でまだ有料メニューがなかったとしても、「次に募集するときには私も受けたいな」という期待感につながっていくからです。「よかったらSNSに書いてくださいね」とお願いすると、意外とみんな協力してくれるものですよ。

15

簡単なサービス紹介ページを
無料で作ってみよう

「その商品やサービスはいくらなのか」「どんな商品なのか」「サポートはどうなのか」、こうしたお客様の疑問点をクリアにするのがサービスを紹介するページです。

商品やサービスを説明する簡単なページを作っておこう

　SNSだけで商品やサービスの説明をきちんとするのは、文字数やスペースの制限もあってなかなか難しいものです。
「詳しくはお問い合わせください」「DMください」という人をよく見かけますが、お客様の側から見ると、知らない人にDMを送るのはすごくハードルが高いのです。

　そのため、商品やサービスを説明するページを作る必要があります。「人集め商品」も「本命商品」も、お客様が知りたいと思う情報をちゃんとまとめて載せておくと、申し込み率が上がるのです。そこで、サービスの紹介ページを、SNS以外にもう1つ持っておいたほうがいいと私は考えます。

　何も本格的なサイトでなくてかまいません。階層もきちんとする必要はなく、たった1ページのサイトでいいのです。知識のある人なら前述のWordPressで作ってもいいのですが、ペライチ、Ameba Ownd、WIX、Jimdoなど、手軽に1ページだけのサイトを作ることができるサービスがたくさんあります。

　なかでも**おすすめは「ペライチ」です。**無料ではじめられ、他のページに飛ばないので、申し込みページだけに誘導することができま

す。さらに、用途に応じたテンプレートも豊富です。テンプレートを選んだら、自分の商品やサービスの画像や文章に置き換えるだけできれいなサイトが出来上がります。

　他の人と似たページになってしまうという点はありますが、初心者の方におすすめするなら断然ペライチです。

▶ ペライチ

https://peraichi.com/

　また、ペライチを利用して、商品やサービスの紹介だけでなく、自己紹介のページを作ることもできます。

　同じようにテンプレートを選んで、自分の写真やプロフィール、実績と、利用しているSNSのアカウントとURLを一覧にして掲載しておくことができます。商品やサービスに申し込もうという人は、その商品やサービスの提供者がどんな人なのか知りたいものです。一度きちんと自分のプロフィールをまとめたページを作っておくと、意外と検索されたりもします。

　SNSでは検索に引っかからないことも多いので、SNS以外のページに自分のプロフィールを載せておくことは、検索エンジン対策としても大事です。

　自己紹介ページとしての利用なら、SNSリンクのまとめサービスのlit.link（リットリンク）もおすすめです。スマホ１つで自分の紹介ページが作れるので、多くの方が使っています。

▶ lit.link（リットリンク）

https://lit.link/

16

自分の商品やサービスが作れない 人は「広告収入」を狙おう

「どうしてもタネが見つからない……」。そういう人は、自分の商品 やサービスでなく、他人の商品やサービスを紹介して、紹介報酬を もらう「アフィリエイト」に取り組んでみましょう。

アフィリエイトに取り組んでみよう

　Chapter 1 で起業のタネを書き出して、発信をしてもらっても、や はりタネが見つからない……という人もいるかと思います。

　会社員人生で全然趣味もなく、何も書くことがない、SNSをやってみ たけれど何も反応がない……というばかりでなく、自分は凡人だから売 り物になるようなものが本当に何もない、という人もまれにいます。

　そういう人も本当は売り物になる何かを持っているはずなのです が、自分だけではどうしても気づけないのでしょう。あるいは、何ら かの制約があって自分で商品やサービスを売ることができない、とい う人もいるかもしれません。

　そういう場合、自分の商品やサービスでなく、他人の商品やサービ スを紹介して紹介報酬をもらう、ということを練習としてやってみて ください。要は「アフィリエイト」です。

　たとえ商品やサービスとして売り物になるようなものがないとして も、趣味や好きなことは１つや２つ、誰しもあるかと思います。

　例えば、本を読むのが好きな人なら、読んで面白かった本を紹介す るブログを書いて、そこにAmazonなどのアフィリエイトリンクを張 ればいいのです。楽天で購入したお取り寄せのスイーツが美味しかっ たら、紹介記事に楽天のアフィリエイトリンクを張ればOKです。

自分の好きなものの中から、特によかったと思うものを紹介して、そのアフィリエイトリンクから広告収入が入ってくる、ということを体験してみてください。

　自分の商品やサービスはなくても、人の商品やサービスを紹介して収入が入ってくる仕組みがアフィリエイトです。

　ブログに書いてアフィリエイトリンクを張る、ということを続けていくと、文章の書き方や誘導の仕方が身につき、タイトルのつけ方も勉強できます。

　ですから、どうしても商品やサービスになるタネがないという方は、何か紹介できるものはないか探してください。本ならAmazon、モノの紹介だったら楽天があるし、サービス系だったらエーハチネットやアフィBなど、さまざまなアフィリエイトサービスサイトがあります。まずは自分の好きなことを書いて、アフィリエイトリンクで紹介して広告収入を得ることも試してみてください。

> **Amazonアソシエイト**
> https://affiliate.amazon.co.jp/

> **楽天アフィリエイト**
> https://affiliate.rakuten.co.jp/

> **A8.net**
> https://www.a8.net/

> **afb-アフィb**
> https://www.afi-b.com/

先生　　愛さん

Chapter
4
おさらい

オンラインで扱う商品を決めて、集客する術まで学びました。愛さんはどのように取り組んでいくでしょうか。

 モニター募集はいかがでしたか？

 　3人の友人にモニターをお願いして、実際にワンちゃんの絵を描いてプレゼントしました。とても喜んでくれて、素敵な感想文をくれました。その感想と一緒にパステルアートの写真をアップしたら、過去最高の「いいね！」の数がついたんです。

 実際に彼女たちの飼っているワンちゃんの絵なので、描いてもらってうれしいという感情が、そのまま読んでいる方に伝わりやすいんでしょうね。モニターさんとはいえ、お客様の声って、いわゆる口コミになるので読まれやすいし、信頼も得やすいんですよ。

 そのうちの1人が、あまりにかわいいので、スマホの待ち受け画像にしたって書いてくれて、私もうれしかったです。

 実際の絵は持ち歩くことができませんが、スマホの待ち受け画像にすれば、スマホを開くたびに見ることができていいですね。愛さん、いままでに描いた花や犬や風景の画像を、スマホの待ち受け画像として販売してみるのはどうでしょう？　まずは愛さんの絵を知ってもらう効果があると思います。

それはいいですね。あとは、最近会社でもよくオンラインで会議を行なうのですが、生活感を出したくないのでバーチャル背景を使うことが多いんです。先日、バーチャル背景に、自分が描いたパステルアートを飾ったお部屋の写真を使ってみたら、とても評判がよかったんです。スマホの待ち受け画像や、オンライン会議のバーチャル背景用に、もしかしたらニーズがあるかもしれませんね。

これらは、愛さんの作品やパステルアートについて知ってもらうための「人集め商品」になります。ここで収益を出す必要はないので、安価な値づけでそれぞれの絵に値段をつけてみてください。

値段をつけて、どこに載せればいいのですか?

Instagram に載せてもいいですし、無料で使える BASE というネットショップサービスを使うのも便利ですよ。

BASE ですね。サイトを見てみます。

そして、待ち受け画像やバーチャル背景用の絵だけでは利益があまり出ないので、「本命商品」として、その方のために愛犬やお子さんの絵などを描いてあげるサービスを作りましょうか。そちらは1枚5000円くらいの値づけでもいいかもしれません。

1枚5000円! もし、月に6人の方が購入してくれたら、目標の3万円になりますね、すごい!

愛さん、パステルアートって、描くのは難しいですか?

おうちで カンタン！「オンライン起業」の教科書

(はじめる)　(稼げる)

読者限定 無料プレゼント

本書をお買い上げいただき、ありがとうございます。
本書の内容をより深く理解していただくために、3つの読者プレゼントを用意しました！

特典 01 本書の 幻のカット原稿

ページの都合でどうしても掲載できなかった幻のカット原稿。「オンライン起業で成功した方々の実例集」など、ここでしか見ることのできない貴重な原稿をプレゼント！

PDFファイル

特典 02 自分の強みを お金に変える方法

本書の第1章では「あなたの稼ぎのタネの見つけ方」をお伝えしていますが、過去に行った「自分の強みをお金に変える方法」のセミナー動画とスライド資料をプレゼント！

動画 54分　PDFファイル

特典 03 1日30分で 月10万円を得るノウハウ

過去に有料で行った「1日30分で月10万円を得るノウハウ」セミナーのセミナー動画とスライド資料、そしてワークシートをプレゼント！

動画 1時間42分　PDFファイル　ワークシート

このURLにアクセスしていただくと、

3大特典を無料で入手できます！

https://my145p.com/p/r/RfpPR4OK

いえ、パステルアートは、パステルを削ってその粉を指につけて描くので、お子さんや高齢者の方でも楽しめるアートなんです。間違っても消しゴムで何度でも修正できるのが魅力なので、絵心がない方でも楽しめるんですよ。

 でしたら、オンラインでパステルアートを体験してもらうワークショップもできそうですね。材料費はいくらくらいかかるものでしょうか？

 パステル、画用紙、茶漉しのようなパステルを削る網、消しゴムや鉛筆などが必要ですが、ご自宅にあるものを使えばいいですし、なくても100円ショップなどで買える材料が多いので、2000円もあればまずはスタートできます。

 必要な材料を郵送して、数人でZoomなどでレッスンするワークショップもできそうですね。人に教えることってできそうですか？

 経験はないですが、初心者の方になら教えられそうです。自分が絵を描かなくてすむので、人数が多くても一度に対応できるので、魅力的ですね。

 そうなんです。愛さんはお勤めなので土日しか使えないですし、実際に絵を描いて売るのは限界がありますが、オンラインのワークショップだったら一度に複数の方に教えられるので、効率はいいですよね。ゆくゆくは、そういうレッスンを考えていきましょう。

 私が先生になる！　なんだか夢みたいですが。

自分がパステルアートを描いている様子などを動画に撮って、Instagram にアップして反応を見てみてください。そこで「私も描いてみたい」とか「私にもできますか?」といったコメントや問い合わせが入るようになったら、オンラインレッスンのモニター募集をしてみましょう。

 こちらもモニター募集から入るといいんですね。

 はじめてだと段取りも不慣れなので、その分、安いモニター価格にして、いろいろ体験させてもらうイメージでいいと思います。

 こんなふうにオンライン起業ってスタートしていくのですね。まずはできることからやってみたいと思います!

 いろいろ試せるのがオンライン起業のいいところです。失敗しても、それを次に生かせばいいので、小さく生んで大きく育てていきましょう。

🚩 Check!

・まずは「人集め商品」で集客をしていこう
・モニター募集で口コミになるユーザーの声を多く集めよう
・なんでも「これ、オンラインでできないかな?」と考えてみよう

50代ではじめた、Instagramで集客、動画のレッスン販売

コロナで対面ができなくなり、SNSにトライ

　友田有紀さんが起業を意識したのは47歳のときでした。当時、ご主人のアメリカ駐在について行き、アメリカに住んでいた有紀さんは、日本への帰国が決まり、パートでもしようかと考えていたのです。

　年齢的に、お店などでパートに立つのは考えていなかった有紀さんは、そのときにはじめて「起業」という道があることを知りました。

　アメリカでは、人を自宅に招いてパーティをする文化があります。そんなときは、どの家の主婦も、食卓を飾って、インテリアを整えて、素敵なおもてなしをしてくれます。そのおもてなしの仕方を、日本の自宅を「おうちサロン」にして発信してみようと有紀さんは考えました。

　ところが、おうちサロンでの起業をスタートさせて4年ほど経った頃に、コロナで気軽に人を招くことができなくなりました。そこで有紀さんはいまできることをやろうと、Instagramの発信に力を入れました。

　すると、有紀さんのInstagramの写真を見た方々がどんどんフォローしてきて、あっという間にフォロワーが1万人以上になったのです。有紀さんがどのようにInstagramでファンを作ったのか、みんなが知りたがったので、Zoomでセミナーをはじめました。

これまでのセミナーを動画にまとめて販売

　リアルタイムで質問に答えられるZoomも便利ですが、毎回同じことを話すことに疲れてきた有紀さんは、セミナーを動画にまとめて販売することを思いつきました。

　4時間分のセミナーを22本の動画レッスンにまとめ、有紀さんはInstagramでそれを販売してみました。日本国内はもちろん、海外に住

む日本人女性にもこのプログラムは売れ、この動画レッスンを購入されたお客様が、次の高額プログラムにもお申し込みをされ、いまや有紀さんは家から一歩も出ることなく、オンライン起業でビジネスをしているのです。

　おうちサロンをあのままやっていたら、海外の方が申し込むことはありませんでしたが、有紀さんがサービスをオンライン化したことで、世界中の方にサービスを販売できるようになったのですね。

月3万円→10万円……
コンスタントに
売上を伸ばす

Part IIでは、Part Iで見つけたタネで
売上を伸ばすための仕組み作り、
毎月コンスタントの収入を得るために必要な
ノウハウをお伝えします。
オンライン起業に必須の「仕組み作り」、
「リサーチ＆情報発信」、
そして売上を加速させる
「メディア作り」を紹介します。

オンライン化で
売上アップの
「仕組み作り」

ここまできたら、社会人として仕事にしっかりと責任を持ちながら、着実に月3万円を得ることを手がかりとして、それを「1か月で10万円」の売上にまで伸ばしていきましょう。しかもその10万円を、一発屋としてではなく、コンスタントに稼ぐためのコツをお伝えしていきます。

17

完全オンライン化は
「仕組み作り」が9割

「仕組みが大事」と言われて、なんだか難しそうに感じてしまうかもしれませんが、オンラインであれば「仕組み」を作るのは実はとても簡単なのです。

「本命商品」は仕組みを作って売っていく

　コンスタントに売上を伸ばす秘訣は、ズバリ、仕組み作りです。Chapter 2でも述べましたが、いきなり高額な商品を売ろうと思っても、あなたのことや、あなたの商品やサービスをよほどよく知っている人以外は、なかなか手を出しにくいものです。

　でも、仕組みを作って、SNSで興味を持った人が、自然な流れであなたに対して親近感を抱き、接触回数が増えることによって信頼を感じ、あなたのファンになってくれたら、迷うことなく高額な商品でも買ってくれることでしょう。その自然な流れを作るのが、「仕組み作り」です

「仕組み作り」の大切さについて、右ページの図をもとに説明していきましょう。

■ オンラインで収益化するための仕組み

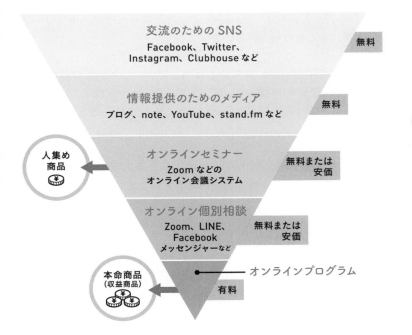

　Chapter 2 で説明した流れを図式化したものです。上が広がっていて、下に進むほどすぼんでいますが、その意味は後述します（118ページ）。あらためて、上から順に説明しましょう。

交流のための SNS……………Facebook や Twitter、Instagram やClubhouse といった、不特定多数の人が参加する、開かれた交流をする場です。

情報提供のためのメディア……SNS であなたに興味を持った人が、もう少し深くあなたと接する場です。適しているメディアは、note

を含むブログや、YouTube、stand.fm などの音声メディアです。

オンラインセミナー……Zoom を使った人集めのためのセミナーです。無料、または有料で行ないます。

オンライン個別相談……高額の本命商品やサービスが必要かどうか、お客様が確認をする機会になります。Zoom や LINE、Facebook メッセンジャーなど、個別に会話ができるもので無料あるいは安価で行ないます。

本命商品……10万円以上つけるケースもある高額有料商品またはサービス。いわゆるバックエンド商品です。ここで収益化します。

　いまはChapter 2 での流れに合わせて上から説明しましたが、**大切なのは「下から考えていく」こと**です。
　多くの人は、本命商品を考える前に、上から順に「まずSNSを完璧にして……」というところに力を入れてしまいがちです。それはまるで、何の料理を作るか考える前に、どこのメーカーの包丁がいいかなどといったツール選びにあれこれ時間をかけてしまったりするようなものです。
　ツールを選ぶよりも先に、何を作るかのほうが大切です。それも、自分で食べるためのご飯なのか、誰かのために作る食事なのか、それによって選ぶメニューも変わってきます。メニューが決まったら材料をそろえて、それからツールを選びます。そのほうが自然ですし、効率もよく、間違いやムダがありません。

　オンライン起業も料理と同じなのです。やるべきことは、まずは「本命商品」を考えること。つまり、お客様の問題解決をする商品や内容を決めることです。誰のどんな悩みを解決するサービスを最終的に提供するのかというところを、最初にしっかりと決めなければいけません。そこから逆算して、先ほどの図の、だんだんと上に上がって

いくのです。

「えっ、でもChapter 2で『まずSNS』と言ってなかった？」と思う人もいるかもしれません。その意図はあくまでもFacebookなりTwitterなり、InstagramやClubhouseといったさまざまなSNSにまず触れてみて、使い方に馴染んでおくためです。

　言ってみれば使い方の練習です。ここではすでに高額の本命商品やサービスを作ってビジネスをはじめようとしているので、練習の段階はすでに終わっています。あなたの本命商品やサービスを作って、そこから逆算して仕組みを作ることが大切です。

高額商品を売るためには「個別相談」が有効

　お客様の問題を解決するのに必要な時間や回数や内容は、それぞれのサービスによって異なるはずです。1回で解決する問題もあるかもしれませんが、定期的にお話を聞いて、1週間に1回で3か月かかるものもあれば、半年かかるものもあるでしょう。提供するものやサービスによって価格や時間は変わるものです。ある程度の時間を必要とするものであれば、価格も10万円以上することもあると思います。20万円や30万円になることもあるでしょう。

　例えば、ダイエットコーチングをするサービスなら、筋トレや食事指導を1回して、ハイそれで10キロやせます、なんていうことはありませんよね。10キロやせようと思ったら、継続的に食事の内容をチェックするとか、運動のメニューを決めるとか、睡眠やストレスの管理など日常生活をどう変えるか、といったサポートをする必要があります。そのためには、ある程度の期間、じっくりとアドバイスをすることになるでしょうし、そうなったらやはり金額はそれなりに高くなっていくのです。

　でも、その20万円や30万円の高額なサービスをいきなり申し込む人がいるでしょうか？　やはり話はここに戻っていきます。そんな高額の商品やサービスを、いきなり買う人はいません。あなたのことが

本当に信用できるのか確かめたいでしょう、その商品やサービスが本当に効果があるのか、検討する時間が必要です。そのため、お試しが必要になってくるのです。

　そこで、本当に自分にとって必要で、効果があるということを確認するための機会として、Zoomの個別相談というものが効果的なのです。お客様があなたと1対1で自分の状況を話して、そのプログラムが自分に合っているのかということが確認できれば、その時点でやっと高額の商品やサービスに申し込むことができるのです。個別相談というのはとても大切な時間です。

だんだん仲良くなっていく

　ところが、このZoomなどによるオンラインの個別相談も、まだまだハードルが高いとお客様は感じてしまうもの。1対1でお話しするのは躊躇するという気持ちは、なんとなくわかりますよね。ですから、まずは何人かが参加するセミナーという形でお客様と接する機会を持つ必要があります。

　これもおそらくZoomでやることになると思いますが、たとえるなら恋愛みたいなものです。まずみんなで会おうよ、という話からこんどは2人で会おうよ、となって、だんだん仲良くなってデートを繰り返して、じゃあ結婚しよう、という流れになるのが自然だと思うのです。それと同じように、まずはオンラインのセミナーで複数の人と一緒に接する機会を持ち、はじめてのデートのように個別相談を行なって1対1で話して、まるでデートを重ねて仲良くなっていくかのごとく個別相談後のフォローで親密になり、その先に結婚、もとい、高額商品へのお申し込み……この流れです。

　オンラインセミナーは無料でもいいですし、リーズナブルな価格であれば有料で開催してもいいでしょう。ただし、オンラインセミナーの目的は、お客様の悩みを解決することではなく、そのお客様が悩みを解決するためには何が必要なのか気づいてもらうことです。悩みを

解決するのは高額の本命商品です。

相手と知り合う

仲良くなって
デートを重ねる

自分のところに来てもらう導線を作る

　悩みを持っている人が検索して、いきなりあなたのブログや YouTube にたどり着くのは、難しいものです。そのため、先ほどの図の一番上、「交流のための SNS」が存在感を発揮します。

　不特定多数の人たちがさまざまな話題で交流をしている Facebook や Twitter、Instagram、Clubhouse などの SNS から自分のメディアに興味を持ってもらい、ブログや YouTube などのメディアで専門分野をさらに知ってもらいます。そして、Zoom のセミナーに出てもらい、オンライン個別相談を経て、最後に本命サービスにたどり着く、この導線をしっかりと「下から」作っておくことが重要です。

　この流れを作ることによって、はじめてオンラインでちゃんとした売上が出るのです。この仕組を作っておけば、起業の完全オンライン化は9割、出来上がったも同然です。

18

情報発信メディアでは「読者への手みやげ（有益な情報）」を用意しよう

**せっかくブログにたどり着いてくれた人にまた来てもらうために
は、どうしたらいいのか？　訪れた人への手みやげをわかりやすく
用意しておくことが必要です。**

自分の専門分野に関することをひたすら書く

　SNSの次にお客様が触れるところ、それは前に掲載した図の上か
ら2番目です。つまり、SNSで接点ができた不特定多数の中からあ
なたの発信する情報に興味を持った人が訪れる、情報発信のメディア
です。

　ここでは交流が目的ではなく、自分の専門分野を困っている人たち
にお伝えする場所です。お客様がどういう悩みを持っているのか、そ
れに対して自分はどんな解決法を持っているのか。それを専門的な視
点で書いたりしゃべったりします。自分の専門領域を認識してもらう
場でもあるわけです。

　ところが、この「情報メディア」の使い方を間違えてしまう人が多
いのです。情報発信のつもりで、自分の書きたいことだけを書いてし
まうのですね。

　先述したように、日記のようにブログに「今日は○○に行きまし
た」とか「この本を読みました」「こういうものを食べました」と
いったことを書いてしまうのです。この「情報発信」の場では、そう
いったことは横に置いておいて、自分の専門分野に関することをひた
すら書いていきましょう。

1つの記事に1つの悩み解決策を入れる

SNS でたまたま、あなたの発信する情報に興味を持った人が知りたいのは、自分にとって有益な情報です。

専門分野に関係のない自分が書きたいこと、書きやすいことを書くのではなく、想定した理想のお客様にフォーカスして、その方がいま何に悩んでいるのかということを考えて、自分の持っている解決策をひたすら書いていくのです。

私が以前運営していたレーシックのブログでは、200以上の記事を書いていましたが、すべてレーシックに関することばかりでした。よく聞かれる質問についての回答のような形式をとったものもありましたが、基本的には1記事に1トピックで、複数のトピックを同じ記事の中に入れないように心がけました。

1つの記事に1つの悩み解決策を入れる。そして、ブログ全体のインデックスをわかりやすくしておく。そうすると、はじめてあなたの情報発信メディアにやってきた人にも専門性がわかりやすくなります。どの記事がどんな悩みを解決してくれるのか探しやすいから、お客様にとってはストレスがありません。

そのためにも、訪れた人への手みやげをわかりやすく用意しておくことが必要です。ここでいう「手みやげ」とは、読者にとっての有益な情報のことです。読んで「なるほど」「そうなのか」「ためになった」と思ってもらえたら、その方はまたあなたの情報発信メディアに立ち寄るでしょう。

BLOG

1つの記事に
1つの解決策を

なるほど、
そういう
ことか！

このブログ、
ブックマーク
しておこう

19

信用はSNSでの「日常チラ見せ」で貯める

専門家として信頼されるかどうかと同じくらい大切なのが、お客様から「人として信用されるかどうか」という点です。人として信用されるコツは、仕事における自分のビジョンのチラ見せです。

「自分のビジョン」を少しずつ見せていく

　大企業であれば、それだけで社会的な信用を得ることができるかもしれませんが、個人が1人ではじめるオンライン起業では、信用を簡単に得ることは難しいものです。

　そこで肝心になってくるのが、あなた自身をどれだけ信用してもらえるかということです。まずは親しみを感じてもらえるよう、ぜひ「日常のチラ見せ」を積極的にしてください。

　「日常」といっても、ここでも小学生の作文や日記のような、時系列の出来事の羅列にはしないよう気をつけてください。

　例えば、「今日、こういうお客様とお話をして、こんなふうに感じた」とか、「自分はこういう社会にしていきたいからこんな活動をしています」などの、**仕事における自分のビジョンのチラ見せ**がおすすめです。

　また、最近話題になっているニュースを取り上げて、それを「自分の専門分野の視点から見るとこんなことを感じる」といったものもいいでしょう。交流のためのSNSでは、自分の専門分野だけの極めて狭い記事ではなくて、みんなが興味を持つこと、みんなが知りたいようなことを積極的に書いていきましょう。

他の人に「うれしい」をあげる

　また、せっかくの「交流のためのSNS」なので、一方的に発信するだけでなく、他の人の投稿にコメントをしたり「いいね！」をしたりすることも大切です。

　人間は誰しも自分の存在を認めてほしいものです。特に、SNSを利用している人は承認欲求が高いもの。だからコメントされたり「いいね！」をもらったりすると、誰しもうれしいものなのです。その「うれしい」をあげていくことも、あなたへの親しみや信用を増やすことに役立つでしょう。

　日常のチラ見せをすることも、他人の投稿にコメントしたり「いいね！」をしたりすることも、**回数を増やせば増やすほど効果があります**。

　最初はそれほど興味がなくても、接すれば接するほどそれを好きになっていく、という現象があることをご存知でしょうか。アメリカの心理学者であるロバート・ザイアンスが論文で発表したもので「単純接触効果」と呼ばれています。

　最初はたとえ警戒心を抱いていたとしても、接触の回数が増えていくことで次第に警戒心が消え、それと反比例するように好意が増えていく……そんな経験を、きっとあなたもしたことがあるのではないでしょうか。

　交流のためのSNSで、それを利用しない手はありません。浅くてもいいので広い交流を心がけて、あなたのことを知ってもらい、好きになってもらうことを目指しましょう。

20

人集め商品から本命商品への導線を作る方法

「オンライン化における売上アップ＝集客→収益の仕組み作り」です。人集め商品から、収益が上がる本命商品への導線を作る方法をお伝えします。

売上が発生するまでの流れとは？

　販売者側の視点として、このChapterの冒頭で挙げた図の一番下、本命商品から逆算して考えることが大事だとお伝えしてきました。でも今度は視点を180度変えて、お客様の目線で考えてみてください。

　つまり、図の上から、SNSでの交流から本命商品に向けて、どういうときに行動したくなるかということを想像してみてほしいのです。

　例えば、SNSのフォロワーが1000人いるとします。そこは広く浅い、ゆるい交流なので、ときどき「いいね！」をしたりコメントをしたりして、名前と顔がちょっと一致しているくらいの人が何人かいます。

　そこで、あなたの専門分野がダイエットだったら「詳しいことはブログに載せているので、興味がある人は見てくださいね」ということを投稿したとしましょう。

　1000人フォロワーがいたとしても、1000人が全員ブログを見るわけではありません。その1000人の中で、ダイエットに興味がある人はもしかしたら100人ぐらいかもしれません。単純計算で対象人数が1/10に減ったことになります。

次に、そのブログを見てくれた人に、「3000円のオンラインセミナーで、もうちょっと詳しくお話ししますので、ぜひ来てください」とブログでお知らせしたとき、オンラインセミナーに参加してくれる人は、100人の中からさらにだいぶ減るわけです。

　そこから、「個別相談でお悩みをさらにお聞きすれば具体的な解決策につながると思います。ご希望の方は申し込んでください」とおすすめします。

　オンラインセミナーに参加した10人のうち4人か5人ぐらいが個別相談に申し込んだとして、そこから「あなたの問題を解決するにはこういうプログラムがありますよ」とご案内すると、個別相談をした4〜5人の中から、恐らく申し込むのは1人か2人になっていることでしょう。

　つまり、「SNSで私は1000人フォロワーがいるから大丈夫」という見通しは、甘いのです。このChapter冒頭の図の逆三角形で考えると、上から下に進んでいくに従って、どんどん濃くて深いお客様が残るけれど、その数は明らかに減っていくわけです。

　先ほどの例では、10万円に設定した本命商品であるダイエットのプログラムをSNSで紹介しても最終的に買うのは、1人か2人しかいないわけですよね。フォロワーが1000人いても売上は10万円か20万円となるわけです。

売上を100万円にするために考えること

　もし、この売上を100万円にしようとするなら、どんな方法があるでしょうか？　ただし、1回のサイクルでは「フォロワー数と本命商品申込みの人数との比率」は、変わらないものとします。

　……なんて書くと、まるで算数の問題のようですね。あなたはいくつ方法を思いつきますか？　私が思いついたものをいくつか挙げてみましょう。

◆ 売上を100万円にしようとしたら？
・フォロワー数を増やす
・本命商品の単価を上げる
・リピーターを増やす
・自分が稼働しなくても収入が入る流れを作る

　あくまで単純計算での皮算用ですが、1つずつ説明しましょう。
　まず、フォロワーが1000人で10万円の売上なので、フォロワーを増やしていくという考え方が1つあります。フォロワーが1万人になれば、本命商品に申し込む人は10人に増えます。単価10万円の本命商品を10人の方に買ってもらえれば、100万円の売上を達成できます。
　本命商品の単価を上げたらどうなるでしょう。10万円のものを20万円にして、フォロワーを5倍にすれば、これも単純計算での仮定の話ですが、20万×5人で、100万円達成です。
　でも、扱う商品・サービスによっては「あまり本命商品の単価を上げられない」という場合もあるでしょう。その場合はリピーターを増やすことを考えてみましょう。1回のサイクルでの売上は変わらないとしても、サイクルの数を増やせばいい、という発想です。
　本命商品の単価は10万円のままだとしても、同じ人が繰り返し購入してくれたら、その回数が増えれば100万円は近づいてきます。
　単純にかけ算なのですが、最終的にほしい売上を設定して、そのために本命商品を何人に売って、有料の個別相談を何人にしてもらって、オンラインセミナーに何人集客するかです。
　そのためにはSNSのフォロワー数はこのぐらいなくてはいけない、という数字が、それぞれ読めてきます。希望する売上の金額に応じて、交流のためのSNSでフォロワーの数を増やしていくという活動が、最終的には必要になってくるのです。

先生

愛さん

Chapter
5
おさらい

オンライン起業で継続的に売上を上げるために必要なのが
「仕組み作り」です。愛さんはどのような仕組み作りに取り
組むのでしょうか?

その後、パステルアート画像のダウンロード販売や、パステル
アートの注文はいかがですか?

それが聞いてください! パステルアートの注文をしてくださっ
た人が、「自分も描いてみたい」とのことで、モニターになって
もらい、自分で描くワークショップをすることに。すると、彼
女が2人のお友だちを誘ってくれて、今月はじめてのオンライ
ン・ワークショップやることになりました。まだ案内ページも
ないのに、DMのやりとりだけで開催が決まったんですよ!

おめでとうございます! そのワークショップの様子もぜひ
Instagramにアップしてみてくださいね。これからフォロワー
が増えてくるに従って、絵の販売やオンラインレッスンも増え
てくると思います。月額3万円はすぐにクリアしそうですね!

はい、今月目標だった3万円はクリアしそうです。自分の力で
稼いだ3万円って、なんだかすごくうれしいし、これからの可
能性を考えると、まだまだやりたいことが出てきました。

それはよかったです。愛さんがオンライン起業で安定した収入
を得ていくために、そろそろ仕組み作りを考えていきましょう。

あの三角形を逆さまにした図ですね

そう、交流のための SNS、そこから今回はオンラインのワークショップに進んだわけですが、そこではそれほど利益は出ていないと思うんです。

 はい、材料費や送料を考えると、1人あたり2000 〜 3000円くらいの利益しか出ていないです

 なので、ゆくゆくはきちんと収益化できる商品やサービスも作りたいですね。どんなサービスなら収益化できそうですか?

 例えば、今回私は Zoom でワークショップをやりましたが、動画に撮影して提供すれば、もっと多くの方に見てもらえるし、私以外にもワークショップの講師をできる人を育てることも、ゆくゆくはやっていきたいですね。

 動画の販売は、一度作ってしまえば、そこから何度も収益が発生するのでとてもいいですね。そして、自分が教えるだけでなく、教える先生を養成するアイデアもとてもいいです。これが本命商品になり、収益化できるものになりますね。

 ではそこをゴールに、日々の SNS の発信をがんばります!

Check!

・きちんと収益化できる商品やサービスを考える
・動画は有効活用しやすいので、積極的に取り入れる
・とにかく日々の SNS の発信から、ヒントが生まれる

月3万円を
コンスタントに得るための
リサーチ＆情報発信術

効果的な発信をするためには、「いま何が流行っているのか」「どういう投稿が喜ばれるのか」といったことを、市場リサーチで把握するのがいいでしょう。「リサーチ→発信→修正」、このサイクルをまわしていくと、あなたのオンライン起業は波に乗ってきます。

21

新しい商品やサービスを作る前に
市場から情報収集するメリット

いま何が話題になっているのか？　あなたが扱う市場での反応や、他人の誘導の仕方を見ることにも SNS は適しています。効果的に情報収集する方法をお伝えします。

「#（ハッシュタグ）」検索で市場を探る

　ビジネスをはじめるにあたって、あなたの商品やサービスが市場でどのくらい反応があるかを知るのはとても大切なことです。

　また、似た分野で「いいね！」を多く集めている人がどんな流れでサービスにつなげているのか、他人のやり方の研究も、ビジネスを軌道に乗せて発展させていくためには欠かせないことです。

　そういった市場での反応や、他人の誘導の仕方を見るのには、SNSが適しています。

　どのSNSにもだいたい、上のほうに検索窓があります。そこに、あなたの商品やサービスに関係する単語を入れて検索してみてください。

　すでに投稿されている記事の中でその単語を使っているものが、どれくらいあるのかが出てきます。「#（ハッシュタグ）」をつけて検索すれば、タグづけされた投稿が一覧で表示されます。

　例えば、スピリチュアルの分野を専門としていて、特に瞑想コーチとして活動したいと思ったら、Instagramで「#瞑想」を検索してください。

　実際にやってみると、63万件が出てきました（2021年9月23日時

点）。上位に並んでいる順に「いいね！」が多い人気投稿です。

　また、「いいね！」が多い投稿をしている人はどんなプロフィール
を書いているか、そこからどんなふうにサービスにつなげているかの
導線も見えてくるかと思います。とても参考になるので、その導線ま
で確認するようにしましょう。

「＃ダイエット」で検索すると、1520万件もヒットします。すべて
を見るのはさすがに大変かもしれませんが、1520万件の中から、写
真や内容、動画など、あなたが心惹かれた投稿やアカウントのポイン
トをじっくり研究してみてください。プロフィールの書き方や誘導の
仕方など、参考になる部分がきっとあるはずです。

22

オンライン・リサーチの
3大対象

お客様の数がどのくらいいるか。競合となる人がどのくらいいるか。
そして、あなたの商品やサービスのジャンルにおける「流行り」は
どうなっているのか。この3点をしっかりとリサーチしましょう。

「リサーチ」のひと手間が成功の近道になる

　リサーチをする際に見るべき対象は次の3つです。

◆ リサーチをする際に見るべき対象
① お客様
② 競合
③ トレンド

① お客様

　あなたが参考にしようと思ったアカウントの投稿に「いいね！」を
しているのがどんな人たちなのか。

　年齢は？　性別は？　といった属性だけでなく、どんな雰囲気でど
んな嗜好を持った人たちが好んでそのアカウントを見ているのか、と
いうことをチェックしておきましょう。

② 競合

　ライバルがどの程度いるのか、ということもぜひ知っておきたいポ
イントです。差別化を図るためにはライバルのことを研究する必要が
あります。

また、競合のリサーチの目的はそれだけではありません。あなたの商品やサービスがオンリーワンのものであれば、お客様は迷わずあなたの商品を選ぶことができますが、その一方で、競合がいないということは、需要がないということのあらわれかもしれません。その意味でも競合のリサーチは欠かせません。

③ トレンド

　業界の傾向を知っておくことも、オンライン・リサーチの目的の1つです。

　ダイエットを例に挙げてみましょう。昔は、「やせたければ絶対に運動しなければダメ」「有酸素運動を20分以上続けよう」とか、「筋肉を鍛えないとやせないからハードな筋トレは必須！」など、どちらかというと苦労をしてこそダイエット、というイメージがありました。でもいまは、がんばらないダイエットといった形が流行しています。そういうトレンドを調査するのも、オンライン・リサーチなら簡単です。

　この「リサーチ」のひと手間が、オンライン起業を成功させる近道になります。細かいところにこだわりすぎず、全体を見るようにしてください。

23

リサーチしたら、トライ&エラー！
失敗をくり返した人が勝つ

SNSでのリサーチはとても大事ですが、それを踏まえて、試しにやってみる→確認する→修正する、を繰り返すことが、オンライン起業を成功させる王道です。

フォロワーを増やすための地道な行動

　ダイエットコーチの野上浩一郎さんは、集客の導線としてInstagramを使っています。彼のメソッドの確かさ、そして人柄もあって、すでにたくさんのお客様がいます。

　でも彼は、Instagramにお客様の声をそのまま投稿していないのです。なぜかというと、「自分のフィードにお客様の声ばかり載せていると『いいね！』がもらえないしフォロワーが増えないから」と言うのです。

　そこで彼は、お客様の声は、Instagramのストーリーズに投稿して、それをハイライトにして掲載し、フィードにはお客様が見て役立つ情報しか載せないようにしました。
「ストーリーズ」というのはInstagramの機能の１つで、その人をフォローしている人だけが24時間限定で見ることができる投稿です。「ハイライト」は、その「ストーリーズ」を保存してプロフィール欄に掲載し、24時間経過しても誰でも見ることができるようにする機能です。そして「フィード」というのは、いわゆる通常の投稿のこと。フォローしていない人でも誰でも見ることができます。

　彼がフィードに投稿しているのは、日常生活の中で役立つダイエット情報です。

例えば、ダイエット中に外食をするとき、サイゼリヤに行くならコレを食べなさい、大戸屋だったらコレがおすすめ、コンビニで買うのだったら、ファミリーマートではコレ、セブン‐イレブンではコレ、ローソンではコレがおすすめ、といった具合に、やせる食べ物の選び方を提案しています。その他には、ダイエットのためのメンタルについてや、30秒でできるダイエットのためのトレーニング動画などもあって、それらをローテーションを組んで投稿しています。このパターンで、野上さんは5か月くらいでフォロワーが1万人に達しました。

　決して野上さんは、はじめからこの黄金パターンを熟知していたわけではありません。最初は基本に則って、フィードにもお客様の声を投稿していたそうですが、なかなか「いいね！」をもらえず、フォロワーも増えませんでした。

　お客様の声は、確かに自分のプログラムに誘導しやすいのですが、それをフィードに投稿すると「いいね！」もフォロワーも増えない。そこで野上さんは、前項の**リサーチを重ねて、思いついたことをやってみては修正し、フォロワーの多いアカウントを真似してみては修正し……を繰り返して、いまの「フィードとストーリーを使い分ける」という形に至った**のだそうです。

　もう1人の例を挙げてみましょう。Case 2（103ページ）で先述した友田有紀さんは、「50代おうちサロンビジネス」の専門家です。

　彼女がお客様としてターゲットにしているのは、肩書きからもわかる通り50代の女性です。その多くは主婦の方です。そのため、Instagramでは色合いの落ち着いた、花やインテリアが中心の写真を主に投稿しています。彼女の世界観がよくあらわれていて、フォロワーはやはり1万人を超えています。

常に「トライ＆エラー」の精神で

　この2人に共通しているのが、常に「トライ＆エラー」を繰り返し

ていることです。

　どんな競合がいるのか、どんなお客様がいるのか、そしていまどんなことが流行しているのか。コレをしたらお客様はどう反応するのか……などをリサーチしたうえで、実際に投稿しながら確認をして進めているのです。

　野上さんは、先ほど挙げた例のように、「お客様の声」を普通に投稿すると「いいね！」が少ないことに気づき、フィード投稿には掲載せずにストーリーズにアップするようにしました。

　友田さんの場合は、「いいね！」がつく投稿とそうではない投稿を見極めて、「いいね！」がつかないものは非表示にするという方法を使いました。投稿した本人だけはその記事を見られますが、それ以外の目には触れません。

　逆に、「いいね！」がたくさんついた記事があれば、それと似た傾向の投稿をどんどん繰り返していくようにしました。そうすると、「いいね！」がたくさんついた投稿が増えていくことになって、友田さんの投稿が他の人のホームでのフィードに表示されやすくなる、という結果を生み出しました。

　やはり、**「リサーチする→そのうえで試しにやってみる→確認する→修正する」**を繰り返すことが、オンライン起業を成功させる王道なのです。

投稿を上位に表示させるにも「トライ＆エラー！」

　王道のサイクルに加えて、もう１つポイントとなるのがアルゴリズムです。どんな要素を持った投稿が上位に表示されるか、という仕組みのことを「アルゴリズム」といいます。もともとはコンピューターで計算を行なうときの処理手順という意味ですが、例えば検索したあとの表示順のように、たくさんあるものに順番をつけなければならないときの順番のつけ方なども、「アルゴリズム」です。
「アルゴリズム的にこの時間帯に投稿したらいい」というのが、SNSにもあるのです。有名なものが、朝の７〜９時くらいまでとか、正午から午後１時の間とか、夜の９〜10時、などですが、この時間帯の共通点はわかりますか？

　多くの人がそのSNSを利用している、つまり、ログインして閲覧している可能性が高い時間帯だからです。

　朝の７〜９時は通勤の時間帯です。移動しながらスマートフォンを片手についSNSを見てしまう人はきっと多いことでしょう。正午から午後１時はお昼休みです。昼食後の気分転換に、ついSNSをチェックしますよね。夜の９〜10時は、帰宅してゆっくりしている時間。ようやく１日の中で自分の時間を持てる、という人の割合が比較的多い時間帯ではないでしょうか。

　こういった、利用者が多い時間帯を狙えばいい、と以前はよく考えられていましたが、その結果、わずかな時間帯に投稿が集中したら、せっかく投稿しても記事が埋もれてしまう可能性が浮上してきます。

　逆に、午後２時くらいに出した投稿がバズったりすることもあります。なんだかいい加減なことを言ってるように思われるかもしれませんが、SNSのアルゴリズムは、やってみて結果が出てみないとわからないことが多いのです。

　だからこそ、一般論に耳を傾けつつも、情報に踊らされることなく実際に自分でやってみて、このパターンが黄金パターンだというのを自分で見つけていきましょう。

24

ブログで押さえておきたい
4つの発信内容

ブログでの「売上を伸ばすために必ず押さえておきたい発信内容」
をまとめます。SNSでの発信内容と共通している点もたくさんあり
ます。いずれも「人の目にどのように触れるか」がポイントです

① あなたの得意分野を投稿する

　何より大事なのは、ブレずに自分の専門分野について書くというこ
とです。そのうえで、読者の役に立つ情報、お悩み解決の情報を書い
ていきます。

　あなたの得意分野の専門家としてそのニュースを見たとき、その視
点からは他の人では気づかないことが見えるはずです。

　ニュースの感想を書くのであれば、そうした**専門家としての自分の
フィルターを必ず1回通して書くようにしましょう**。あなた独自の視
点が伝わることで、ファンは増えていくのです。

② あなたのサービスやお客様の声を投稿する

　意外なことに、これを忘れてしまう人も案外多いのです。毎日せっ
せとSNSやブログを更新して、他人からどう見えるかを意識して、
しっかりと専門家として振る舞っているのに、肝心のあなたのサービ
スを記載していなくては集客の意味がありません。

　あちらこちらのSNSであなたに興味を持ってもらい、ブログの内
容であなたのファンになったのに、お客様にならずただの読者で終
わってしまったらもったいないことです。

あまり商売っ気を多くしたくないと考えてしまう人もいるかもしれませんが、あなたのブログの読者になっている人たちは、すでにあなたのサービスや商品を渇望しているはずです。むしろサービスや商品を教えてあげないことは不親切といっていいでしょう。

あなたが何の専門家であるかはっきりわかるように投稿するのと同じように、あなたが読者にどんな価値を提供できるのか、あなたのサービスや商品についてもきちんと記載しておきましょう。

また、「お客様の声」を投稿することも忘れないでください。

先ほど「Instagramのフィード欄にはお客様の声は投稿しない」というダイエットコーチの野上さんの例を紹介しましたが、それはあくまでInstagramで野上さんが導き出した法則です。ブログではお客様の声が掲載されているほうが安心されます。

あなたのサービスや商品を使ったお客様がどのように変化をしたのか、ぜひ事後に聞いてその声を掲載してみてください。モニター募集した際にはお客様の声をもらうことを条件にしているかと思うので、そのときにしっかり集めておくといいでしょう。

サービスや商品の提供者であるあなた自身がそのサービスや商品についてほめるよりも、第三者であるお客様による感想のほうが、信頼感があります。お客様の声は大変いいコンテンツになるので、必ず投稿するようにしましょう。

③ あなたのプライベート投稿で人柄をチラ見せする

ここでもあくまであなたは、自分の得意分野の専門家です。その軸は絶対にブレさせてはいけません。発信している内容にリンクしたふとした日常を、ときどき投稿すればよいのです。

例えば、仕事の合間に見せるママの顔として、「子どもの描いた絵にほっこりしました」とプライベートで家族関係がうまくいっている様子を出したり、カフェで1人でお茶をしながら、「こんなことを考えています」といった共感を誘うような投稿をたまに挟むのです。

私の場合は、髪がショートカットで、朝の寝ぐせがすごいので、そ

の寝ぐせの写真をブログに載せたら大反響！　「MOMOさんでもそんな面があるんですね、親しみがわきました！」といった声がありました。

　　あなたの提供する知識や情報やスキルも大切ですが、あなた自身の人柄を伝えるためにも、自己開示投稿をたまにしてみてください。「なぜこのビジネスをはじめたのか」など、ストーリーに人は感情を動かされるので、ファンを作るのにプライベート投稿は有効です。

④ あなたから誰かへの応援投稿をする

　プライベートの投稿は信用の貯金になりますが、応援の投稿はそのままあなたへの応援の貯金になります。

　私がはじめての本を出版したときは、出版すると決まってから実際に発売になるまでに半年程度の時間がありました。その間に私が積極的にやっていたのが、他の著者さんの応援投稿です。

　やり方は簡単です。ブログの記事で、他の著者さんの本を紹介すればいいのです。その著者さんの新刊が出たら自分で本を買って、読んで、感想の記事を書く、それだけです。自分の本を買ってくれて、その中身を紹介してくれているわけなので、著者さんもすごく喜んでくれます。

　著者さんに限らず、起業されている方のサービスや商品を自分が利用して、その感想を書けるものはどんどん積極的に書いていきました。言ってみれば「お客様の声」をお客様である私自身が積極的に自分のブログで紹介している、というわけですね。

　人は誰かから何らかの施しを受けたとき、「お返しをしなければならない」という感情がわいてくるものです。これを心理学では「返報性の法則」といいます。自分にとってうれしいことをしてくれた人に対して、いつかお返しをしたいな、という気持ちが貯まっていくのです。

　私は出版する前からそういうことをたくさんしていたので、いざ出版して本が発売になったときには、何百人という方が私の本をそれぞ

れのブログやSNS、セミナーなどで紹介してくれました。SNSではシェアの数が視覚化されるので、すごくたくさんの方が私を応援してくれているなあ……というのが実感できました。

　なぜそれだけ多くの方に応援していただけたのか。それは、私がずっと、いろいろな人を応援してきたからです。

　特に、著者の方はすでにそれぞれのファンが大勢いるので、1人の著者さんが紹介してくれるとそこから多くの方に広まっていきます。そういう著者さんが何人もいるとなると、どういう相乗効果が起きるか、おわかりですよね。

　おかげさまで、私の1冊目の本はすぐに増刷がかかり広まっていくことができました。同じことをあなたも起こすことができます。起業初心者の人や「人脈がありません」と言う人ほど、ぜひやってもらいたいことです。

　先に自分から、誰かの応援をする。それをブログで投稿する。応援貯金をしっかり貯めておく。簡単にできることですが、効果は絶大です。

　もしかしたら、なかには同業者を紹介することに抵抗がある人もいるかもしれません。しかし、むしろ同業者であればその人のお客様があなたのお客様にもなってくれる可能性は、他の業者の場合よりも高くなります。

　これは決して「お客様を奪え」と言っているのではありません。互いに紹介し合い、力を合わせることで、その業界そのものが広まっていく可能性だってあるのです。**同業者はライバルと思わず、協力したほうが得なことが多いのです。**

　それに、まったく同じサービスを提供している人は、それほど多くないはずです。それぞれに得意分野も違うでしょう。同業だからこそ、見えてくるところもあると思います。

ブログの発信内容

あなたの得意分野
知識、情報、テクニック、専門分野にからめたニュース

あなたのサービスや お客様の声	あなたの プライベート投稿	あなたから誰かへの 応援投稿

25

集客の導線を
チェックしてみよう

**起業して「仕事として」サービスや商品を提供するのであれば、ど
んなときでもお客様の立場や目線を忘れてはいけません。集客の導
線についても同じです。**

お客様の心の変化を考えながら導線を作る

　お客様がやって来る導線は2つあると私は考えています。1つは、
検索から来るお客様。もう1つは、SNSから来るお客様です。この
2つは、導線がまったく違うのです。

　お客様がどうやって自分のことを知り、最後の本命商品にまでたど
り着くのかという流れの道筋のことを、マーケティング用語で「カス
タマージャーニー」といいます。直訳すれば「お客様の旅」です。
　お客様の心がどんなふうに変化していって、最終的にあなたのサー
ビスや商品を「ほしい」と思って買うのか。その道筋であるカスタ
マージャーニーをちょっと考えてみてください。
　**自分が想定したお客様の動きをシミュレーションして、どんな買い
物体験をするかというのを、ぜひストーリー化してみてください。図**
にしてみるのもいいでしょう。

　例えば、「どうも最近白髪が増えてきたな」とか「お腹まわりがダ
ブついてきたな……困ったな」とか「最近なかなか疲れが取れない
な」など。お客様には潜在的に、何か悩みがあるわけです。「何かい
い解決方法がないか調べてみよう」とGoogleやYahoo!などを使って

検索をするわけです。なかにはSNSで検索する人もいるかもしれません。

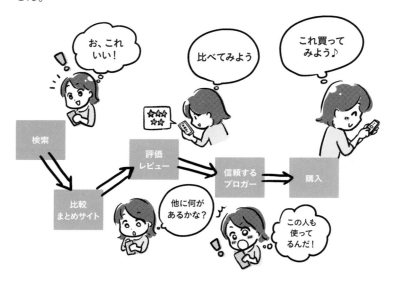

　検索して、何か特定の商品やサービスを知ったら、それについてもっと調べてみよう、となるのが一般的です。

　今度はその商品名やサービス名で検索をして、この商品が評判いいみたいだから比較してみよう、となって、比較したうえでこちらがよさそうだな、ちょっと試してみたいな、という感じでクリックに至る。

　これが、検索でお悩みをキーワードに入れてから購入までの道筋です。

　一方、SNSからのお客様は、たまたま誰か知り合いの投稿で見つけたとか、いくつかの投稿をたどっていたら行き着いた、という流れの中で、「そういえば自分も最近こういう悩みがあったな」と、潜在していた悩みが顕在化することがあります。

　そうして、「この人が紹介しているのなら信頼できるから、試してみよう」と、そのまま購入というパターンがよくあります。

そのときに大事なのが、「この人が紹介しているのなら」の部分です。「この人の紹介ならきっといいはず」という心の動きがあって購入に至るので、検索エンジンから来るお客様よりも、購買までの時間が短いのです。

　信頼残高はその人との複数回の接触があってこそ。Chapter 5 で示した５段階の図を頭に描いて、ゆっくり教育して、商品やサービスがほしいと思うように誘導していきましょう。お客様の心の変化を考えながら導線を作っていくことが大切です。

読者に行動してもらうための言葉がけをお忘れなく！

　商品やサービスを提供する側からは想像もつかないくらいに、お客様は常に迷っています。買おうかどうしようか。やめておくべきか……。どんな商品やサービスでもそうです。インターネットを通じたお買い物だけでなく、リアルの店舗でもそうだと思います。

　例えば、デパートの洋服売り場などでこの服を買おうかどうか迷っているとき、にこやかな笑顔の店員さんがスッと近づいてきて、その商品の魅力や、その服が私に似合うかどうか、その服がどんな場面で輝くかをさりげなく説明してくれたら、「よし、買おう！」という決断ができますよね。そんな経験は誰しもあることと思います。

　最後のひと言に背中を押される、背中を押すひと言があると決断できる、というのは、人間の心理にかなっています。これをマーケティング用語では「コール・トゥ・アクション」といいます。行動してもらうための言葉がけです。

　これがあるとないとでは、成約率が何倍も変わってきます。特に**インターネット上では、呼びかけのひと言がないと読者は行動しないと考えたほうがいいでしょう。**

　ですから、集客のための商品でも本命の商品でも、読者を行動させるためのひと言を必ず添えてください。

例えばこのような形です。

> ・あなたが必要としているものはこの先にあるので、詳しくはここをクリックしてください。
> ・このキャンペーンは3日間しか行ないません。ぜひ、いますぐ見てください。

こういった「いま、ここをクリックしなきゃいけないんだ」と思わせるような言葉がけをしてリンクを踏ませる、ということを必ずしてほしいのです。

私のレーシック体験談は、<u>「レーシック体験談」</u>でご覧いただけます。
私が体験談やレポートが一人でも多くの方のお役に立ち、レーシック仲間が増えていけば、こんなに嬉しいことはありません♪

私がレーシックを受けて大満足したクリニックです↓まずは無料説明会で不安解消！

実際のクリニックのページへのバナーリンク

ブログ記事の下にこのような呼びかけの
ひと言を入れるとクリックされやすくなります

このやり方は、SNSでも使えます。昨年、私がクラウドファンディングをしたときにもとても有効でした。

クラウドファンディングなので、もちろん支援してほしいのは当然

ですが、それ以上に拡散をしてほしかったのです。活動を1人でも多くの人に広めてほしいと思ったのです。ですからSNS投稿をする際は、「買ってください」ではなくて、「シェアしてもらえるとうれしいです」とひと言添えました。そうすると実際に多くの人が、私の投稿をシェアしてくれました。

　結果としてそのクラウドファンディングは成功しましたが、「シェアしてください」「支援してください」という言葉を入れるのと入れないのとでは全然違いました。私はそれを何回か試しましたが「シェアしてください」と書くと本当に20件、30件のシェアがあり、それを書かずに普通の投稿だけをした場合は1件もシェアがないこともありました。投稿した内容はほとんど同じでも、たったひと言加えるだけでこんなにも違いが出たのです。

　ちなみに、私がレーシックのブログを書いてアフィリエイトをしていたときにも、コール・トゥ・アクションは必ず意識していて、200以上書いた記事のすべてに入れていました。

「私がレーシックを受けたクリニックはこちらです」とか、「まずはクリニックで検査をしてみましょう」とか「説明会にはお茶とケーキが出ます。まずは予約を」というように、その記事に絡めて、記事とリンク先をつなげるひと言を必ず入れたのです。そうすることでクリック率が上がります。それで私はレーシックブログだけで約10億円を売り上げました。コール・トゥ・アクションのひと言が絶妙によかったのだと思います。

　ですからあなたも、SNSやブログにリンクを入れて投稿する際には必ず、背中を押すひと言を入れるように意識してみてください。

Chapter 6 月3万円をコンスタントに得るためのリサーチ&情報発信術

26

SNSでもブログでもない
ラクチン集客方法も使ってみよう

Chapter 5で、オンラインで収益化するための仕組みとして、5段階の逆三角形の図を用いて説明をしました。実は、この5段階を一気に2段階にまで簡略化する方法もあるのです。

検索されて申し込みが来るので集客の手間がない

　5段階を2段階に簡略化する方法、それは「スキルシェアのポータルサイトを利用する」ことです。

　個人のスキルをお金に換えていくためのサービスは、生活スキルをシェアする「ココナラ」や「SKIMA」、専門スキルをシェアする「Ask Doctors」や「弁護士ドットコム」、知識をシェアする「ストアカ」や「スキルクラウド」、そして、トータルでさまざまなスキルをシェアする「クラウドワークス」や「ランサーズ」「シュフティ」などがあります。

　このうち「Ask Doctors」や「弁護士ドットコム」などの専門スキルをシェアするポータルサイトは、本当に高度な専門スキルを提供する場なので、それだけのスキルがないと思う方は外して考えてもいいでしょう。

生活スキルをシェアする

> ▶ ココナラ
>
> https://coconala.com/

> ▶ SKIMA
>
> https://skima.jp/

知識をシェアする

> ▶ ストアカ
>
> https://www.street-academy.com/

> ▶ スキルクラウド
>
> https://www.skill-crowd.com/

さまざまなスキルをシェアする

> ▶ クラウドワークス
>
> https://crowdworks.jp/

> ▶ ランサーズ
>
> https://www.lancers.jp/

> ▶ シュフティ
>
> https://app.shufti.jp/

　自分のプロフィールや持っている知識・技能などを登録しておいて、その知識や技能を求める人とのマッチングができる、というのが

基本的な仕様です（これらのポータルサイトはそれぞれに特徴があるので、詳しくは各サイトをご確認ください）。

こちらから知識や技能を販売することができるサイトもあれば、逆に、「こういった知識や技能を持った人はいませんか」と募集があってそこに応募するという形式のサイトもあります。

■ 5段階を2段階にする方法

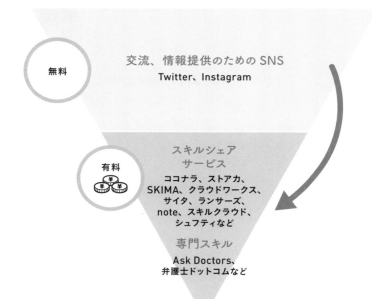

いずれにしても、自分で集客しなくても、スキルシェアサービスの中で検索されて申し込みされる場合が多いので、集客の手間が省けるのです。

多くのサイトでは、一定の評価が貯まっていくと検索の上位に表示される仕組みになっているので、まったく自分でブログやSNSを使

わなくても、スキルシェアサービス内だけで販売していくことができます。そこが一番のメリットです。

　一方でデメリットとしては、手数料がかかるということです。それでも、これまで縁のなかった人たちに見つけてもらえることや、決済の仕組みが整っていることを考えると、5段階を2段階に省略できることからも、こうしたスキルシェアサービスのポータルサイトを利用することには魅力があります。

市場リサーチをすることで、「お客様はいま何に興味があるのか」がわかります。それをつかみ、あなたの得意と絡めて継続的に発信していきましょう。

　愛さん、Instagramの投稿をがんばっていますね。フォロワーは増えていますか？

　はい、フォロワーが増えるように投稿する際にハッシュタグを毎回つけていたのですが、いまいちフォロワー数が伸び悩んでいたので、同じようなアート系の投稿をされている方に自分からフォローしたり、コメントしたりするようにしました。すると、フォローバックしてもらえることが増えて、フォロワーが1000人を超えました！

　それはいいですね。愛さんの投稿を見ている方は、やはり女性が多そうですか？

　はい、圧倒的に女性が多いと思います。コメントのやりとりを見ていて感じます。

　だったらInstagramを選んで正解でしたね。

　最近リール動画にハマって、短い動画をアップしているのですが、その再生回数が伸びてきました。音楽なども簡単につけられるし、スマホ1台で編集できるので、写真だけでなく動画も楽しくなってきました。

そうなんですね。愛さんは、YouTube は見たりしますか?

 はい、よく見ます。

 最近、TikTok のような短い動画が流行っていて、YouTube の中でも、縦型で短い動画を「YouTube ショート」としてアップできるのですが、見たことはありますか?

 あります。TikTok のような感じだなと思って見ていました。短いので、どんどん見ることができて楽しいですよね。

 そうなんですよ。愛さんも Instagram にアップしているリール動画を、YouTube ショートにもアップしてみませんか?

 同じ動画でいいんですか?

 はい、同じものでいいですよ。SNS はそれぞれ見ている人が違うので、同じものをアップしても問題ないのです。

 同じものでいいなら一石二鳥というか、私を知ってもらえる入り口が増えるのでいいですね。チャレンジしてみたいと思います!

 アート系の方がどんな活動をしているのか、ライバルリサーチもしてみてくださいね。人によっては、大きな絵を描いて額装して、数万〜十数万円で販売している方もいると思います。その方々が、どんなふうに自分の絵を見せていて、なぜそこにファンがいるのかを、ネット上で見ることができるわけです。オンラインの活動ってガラス張りで、いろいろな方のやり方を無料で研究することができるのがメリットなんですよ。

そうですよね。アートに限らず、Instagramでビジネスをされ
ている方がどんなふうに自分の商品やサービスに誘導している
のか、これからは注意しながら見てみたいと思います。

Check!

・継続的な発信で、いい投稿、悪い投稿の感覚をつかんでいく
・各SNSは属性が違うので、同じ内容でもそれぞれに投
　稿していく
・同じジャンルを扱って成功している人のノウハウを取り入れる

学生ながらクラウドワークスで
動画編集のお客様を集める

実績が増えてから単価を上げていく

　山口桃果さんは、大学生ですが、大学入学と同時に動画編集の勉強をはじめました。高校時代、ダンス部でダンスの音楽をパソコンを使って編集することをしていたので、動画編集もできるようになりたいと思ったそうです。

　動画編集の勉強は、スクールなどに通ったわけではなく、なんとすべてYouTubeの動画で学びました。いまは、YouTubeの中に知りたい情報はほとんどあるので、0円で動画編集のテクニックを身につけたそうです。

　最初は、知り合いに声をかけ、無料でダンスの動画編集をさせてもらい、そこから紹介で有料の依頼が来るようになりました。ダンスなどのエンタメ系をはじめ、ビジネス系やいろいろなタイプの動画編集ができるようになってからは、スキルシェアサイトのココナラやクラウドワークスに、「動画編集をやります」と申し出たのです。

　評価が0のときはなかなか申し込みがありませんでしたが、価格を安めにして、まずは10件ほどの案件をこなし、実績が増えてからは、少しずつ単価も上げていきました。

　いまでは、クラウドワークスで1年で150本ほどの動画編集をこなしています。1本の動画編集の単価は、長さによって3000～1万円ほどなので、毎月数万円の収入が入ってきています。学生なので、飲食店でアルバイトもしていましたが、コロナの影響でお店が休業したりして、アルバイト収入が減ったときも、クラウドワークスからの収入があったので助かったそうです。

学生にとっては就職以外の働き方もあることがわかる

　アルバイトでは、時給を上げてもらうのはなかなか大変ですが、スキルシェアサイトでは、実績が増えていくと、自分で単価を上げることができます。また、お客様に喜んでもらって、直接ありがとう、と言われることも多く、やりがいを感じます。

　桃果さんは、クラウドワークスでたくさんの動画編集の案件をこなしていくうちに、自分が得意な動画のジャンルがわかるようになってきたそうです。そこで、自分のポートフォリオ（作品集）を載せたサイトを作り、SNSなどでも集客をするようになりました。その活動が、ビジネス書作家さんの目に留まり、作家さんの動画編集の依頼も継続的に来るようになりました。

　動画編集の仕事が増えてきて、今年は大学を休学し、開業届けを出して起業しはじめているそうです。20歳にして、自分の好きなことを仕事にし、好きなときに好きな場所で働くオンライン起業を実践されています。これからの学生に、就職以外の働く選択肢があると伝える活動もしていきたいとのことで、頼もしいですね。

月3万円から10万円に
するために必須の
「メディア作り」

SNSが持つメディアの特性を押さえたうえで投稿を繰り返していくと、フォロワーが増えていきます。ただし、売上を大きく伸ばそうと思ったら取り組んだほうがいいメディアがあります。SNSとは別のものです。このChapterでは着実に売上を伸ばしていくために必須のメディアについて、説明していきます。

27

オンラインで売上を上げるなら
「プッシュ型メディア」は必須

お客様の側から接触してくるのが「プル型メディア」、こちらのタイミングで接触していくことができるのが「プッシュ型メディア」です。双方にメリット、デメリットがあります。

「プル型」と「プッシュ型」の違いとは？

　これまでお話ししてきたSNSはすべて「プル型メディア」と呼ばれるものです。これは、読者がそこへ見に来てはじめて見てもらえるタイプのメディアです。

　例えば、Twitterを開いたらタイムラインに投稿が流れてきて目に入るとか、Facebookを開いたら自分のタイムラインに投稿が出てきたとか、Instagramのアプリを開いたらフィードに流れてきた、といったことを意味しています。いずれにしても、TwitterでもFacebookでもInstagramでも、アプリやブラウザでそのページを開かないと、記事を読んでもらえません。

　このような仕組みのメディアのことを「プル型メディア」といいます。お客様が読みに来てくれさえすれば、記事の内容によって惹きつけることができますが、逆に、いくら投稿してもお客様がそれを見に来なければ読んでもらえないので、なかなかセールスに結びつきにくい、という特徴があります。

　「プッシュ型メディア」は、メールマガジンやLINE公式アカウントなどがそれにあたります。お客様のメールボックスにメールが届く、

あるいはお客様のLINEにメッセージが届く、というタイプのものです。着信のお知らせを設定してくれていれば、なおさら気づきやすくなります。また、こちら側からお客様にアプローチを仕掛けることができます。

　お客様の側から接触してくれないと何も起こらないプル型メディアとは違って、こちらのタイミングで接触していくことができるのがプッシュ型メディアです。売上をもっと上げたいと思うのであれば、プッシュ型メディアの導入を考えてみましょう（従来のダイレクトメールもプッシュ型ですが、今回は「オンライン起業」なので説明を省きます）。

▎プル型メディアとプッシュ型メディアの違い

プル型メディア	プッシュ型メディア
読者がそこに来てくれて、はじめて見てもらえる	読者のメールボックスやスマホに直接届く
Twitter Instagram Facebook YouTube TikTok など	メールマガジン LINE 公式アカウント （アナログな DM）

28

高額商品を売るなら「メルマガ」もやってみよう

売りたいと思っているサービスや商品が高額ならば、「メールマガジン（メルマガ）」は特に効果があります。逆に、比較的金額が安い物であれば「LINE公式アカウント」がいいでしょう。

LINE公式アカウントには文字数の制限がある

メルマガとLINE公式アカウントの違いで端的なものとして、LINEには文字数の制限があります。

LINEに文字数の制限があるというのは、聞いたことがありますか？　ほとんどの人はないと思いますが、コミュニケーションメディアとして日常的に使われるLINEのメッセージは、文字数の制限が最大1万文字なのです。

いくら長いメッセージを書く人でも、1万文字も使う人はめったにいないのではないでしょうか。というか、LINEのやりとりで1万文字もあるメッセージが届いたら、ちょっとイヤですよね。

しかし、LINE公式アカウントの文字数の制限は、通常のLINEの文字数の制限とは違います。1つの吹き出しの中に書ける文字は、500文字までなのです。20分の1です。

書いてみるとわかりますが、500文字はあっという間に到達してしまいます。そのため、気軽におすすめできてそれほど詳しい説明が必要のないものであればLINE公式アカウントでいいでしょう。

逆に、2000文字とか3000文字とかを使ってたっぷりとおすすめや説明文を書く必要のある高額商品を売るのだったら、メールマガジン

がいいかなと思います。メールマガジンには基本的に、文字数の制限がありません。

メルマガの開封率は低いが、しっかりと読んでもらえる

　ただし、メールマガジンにもデメリットがあります。最近は特に迷惑メールのフォルダに入りやすいのと、1人あたりが購読しているメールマガジンが多すぎて、受信してもなかなか開いてもらえないという点です。

　開かないままどんどんメールボックスに溜まっていくので、着信したらすぐ読んでもらえるLINE公式アカウントのメッセージに比べると、メールマガジンの開封率は低いです。ただし、興味を持ってくれているお客様は、メールを開いていさえすればじっくり読んでもらえる率が高いので、**少ないお客様でもいいから高額商品をしっかり売りたいのであれば、メールマガジンはいまでも強いと思います。**

　商品に対して熱い想いがある人や、文章表現を工夫してじっくりと読んでもらいたいという人には、特にメールマガジンは欠かせないメディアです。

29

LINE公式アカウントなら
開封率はメルマガの10倍!?

LINE公式アカウントは、自分が普段使っているスマホやパソコンの
LINEに届くので開封率が高くなります。文章も短くなるので読みや
すく、開封率はメールマガジンの10倍以上といわれています。

女性向けの商品やサービスを売るのに効果的

　特に、女性向けの商品やサービスであれば、メールマガジンはなか
なか開いてもらえないのに対して、LINE公式アカウントならパッと
見てもらえます。写真も送れるので、写真と短い文章で訴求すること
ができます。写真が送れるというのは、女性向けの商品やサービスを
売るのにやはり効果的です。

「LINE公式アカウント」は以前は「LINE@」と呼ばれていました。
知らないなあと思う人でも、きっとどんなに少なくとも1つや2つ
は、企業からのお知らせLINEを受信していることと思います。
　実はその企業アカウントのほとんどが、LINE公式アカウントなの
です。
　LINE公式アカウントは1か月に1000通までであれば無料で使う
ことができるので、手軽にはじめることができます。読者が100人い
れば、月に10回メッセージを送れるということです。それ以上使い
たくなった場合は、1か月5000円で1万5000通まで使うことができ
るので、比較的手頃なのではないでしょうか。

定期的な送信で信頼度をアップさせる

　こうした**プッシュ型のメディアであるメールマガジンやLINE公式アカウントをやる目的は、完全に信頼残高の積み上げだと私は考えています。**1通のメールマガジンやLINEですぐには購入に結びつかないかもしれません。でも、送り続けていることで、何かあったら思い出してもらうことができます。

「そういえばこの専門分野は○○さんだな」「この件だったら××さんに連絡してみよう」という感じで思い出してもらうために、定期的に相手のメールボックスなりLINEなりに情報を送る、そうすることで信頼を積み重ねていくことができます。そのためには継続して送ることが大事です。

　継続して送ることを意識した場合、どのくらいの頻度で送ればいいのか、毎日送らないといけないのか、とよく質問されますが、毎日でなくてもいいと思います。私も毎日は出していません。でも、相手が忘れない程度の頻度で送るようにはしています。

　例えば週に1回とか月に2回、といったように頻度を決めて、その頻度で送り続けるということを何年もやっています。

　もちろん、短いものを毎日出すのもいいのですが、受け取ること自体が相手の負担にならないように気をつけてください。相手の負担にならないように継続して連絡を取り続ける、コミュニケーションを続けるというのが、メルマガやLINE公式アカウントの役割だと思います。

30

プッシュ型メディアで相手が
ほしい情報をプレゼントし続ける

売り込みばかりしていると、あっという間に嫌われてしまいます。
お客様の悩みを集めて、その解決のヒントを発信していくのです。
それをどうやって集めるかがカギになってきます。

結局、「お客様は何を望んでいるのか？」が大事

　メールマガジンでもLINE公式アカウントでも、発信する内容について一番気をつけなければいけない点は共通しています。プッシュ型メディアでは、売り込みばかりしているとあっという間に嫌われます。メルマガだったら解除されますし、LINE公式アカウントなら、通常のLINEと同様にブロックされてしまいます。
「相手がほしい情報」を届けることが必要になってきます。

　とはいっても「相手がほしい情報」とは一体何でしょうか。それは、お客様が何を望んであなたのメールマガジンに登録したのか、LINE公式アカウントに登録したのかを想像してみれば、答えが浮かんでくるのではないでしょうか。
　結局、お客様の悩みを解決するコンテンツを書いていきましょう、ということです。自分にとって何が必要なのかをお客様自身で気づいてもらえるような、そんなコンテンツが理想です。
　つまり、お客様の悩みを集めて、それについての解決のヒントをメールマガジンやLINE公式アカウントから発信していけばいいのです。そのためには、お客様の悩みをどうやって集めるかがカギになってきます。

私がよくやっていたのは、直接読者に問いかけることでした。

例えば、Instagramならストーリーズに「質問」という項目があります。「AですかBですか?」という二択式の質問もできますし、テキストで「みなさんが知りたいことは何ですか?」と質問をすることもできます。

そうやって質問を投げかけると、ストーリーズを見てくれた人がそのまま「イエス」「ノー」や「A」「B」のように二択の回答をしてくれたり、テキストで質問したら率直な自由回答で返してくれたりして、意外に簡単に読者のお悩みを集めることができます。

Facebookでも、問いかければ友だちとしてつながっているみなさんが答えてくれます。「○○について知りたいことは何ですか? コメント欄に書いてね」という形でみんなが知りたいことを集めていくと便利です。

これはTwitterでもYouTubeでもできます。YouTubeの場合は、「今後もみなさんのご質問に答えていきたいので、聞きたいことがある方は概要欄のお問い合わせフォームから送ってくださいね」と語りかけて質問やお悩みを集めている方もたくさんいます。

読者の方に問いかけて、それに対しての回答をLINEやメールマガジンなどで届けていくといいと思います。こうして「悩みの解決」という、読者が最も求めている情報を出していくなかで、信頼を積み重ねることができます。

登録してもらうためにプレゼントをつける

また、メールマガジンもLINEも、だんだん登録してもらうことの難易度が上がります。たくさんのメールマガジンやLINEメッセージが届くので、多くの人がお腹いっぱい、もうけっこうです……という気持ちになってしまうからです。

そのため、登録してもらうときにはプレゼントをつけるといいでしょう。それは例えば動画だったり、PDFだったり音声だったり……

形式は何でもかまいません。読者が「それほしいな！」と思うようなプレゼントを用意しておいて、メールマガジンやLINE公式アカウントに登録することで自動返信でそれを受け取ることができる、という形式です。

そしてその登録ページを、自分の持っているすべてのSNSからリンクしておきましょう。例えば私だったら公式サイト、ブログ、Facebookの他、Instagram、Twitter、YouTubeを運営していますが、それらのプロフィールすべてに「メールマガジンをやっています」「LINE公式アカウントがあります」という形で、その登録ページに飛ばすようにしています。入り口はあればあるほどいいのです。持っているメディアのすべてから、メルマガやLINE公式アカウントの登録ページへ誘導しておくことが大事です。

▌登録ページへの誘導

SNSやブログからリンク

ここから登録するとプレゼントがあるよ♪
メルマガ、LINE公式アカウント登録フォーム

メルマガやLINEで情報発信
・ステップメールでお客様を教育できる
・お客様の悩み解決の情報を届ける
・自分の商品やサービスのご案内

31

インフルエンサーに
紹介してもらうためには？

多くの人に応援してもらうために、多くの人に影響力を持つ「インフルエンサー」に紹介してもらえると、拡散スピードは一気に加速します。

まずはインフルエンサーのお客様になる

　私もいろいろなインフルエンサーの方に紹介していただくことがあります。例えば、本田健さんのような有名な著者が、私が何か新しいことをはじめようというときにご自身のメディアで取り上げてくださることがあります。

　先日、私がClubhouseで開いたルームに、本田健さんをゲストにお招きし、お話をしていただきました。その際に、本田健さんがご自身のメディアで私のClubhouseに出演することをお知らせくださっていたこともあり、当日はたくさんの方が聴きに来てくれました。そして、ルームを開いてモデレーターをした私自身のフォロワーが、その日とても増えたのです。

　なぜ、そんな著名な方に紹介していただけるのか。
　顔も名前も覚えてもらって存在を知ってもらうために一番手っ取り早いのは、その人のお客様になることです。ただし、それはあくまでも入り口。大事なのは、きちんとした人間関係を築くことです。
　誰かから何らかの施しを受けたとき、「お返しをしなければならない」という感情がわいてくる……ということは、Chapter 6の「応援投稿」の箇所でお伝えしました。「返報性の法則」です。

Chapter

7

月3万円から10万円にするために必須の「メディア作り」

自分にとってうれしいことをしてくれた人に対して、いつかお返しをしたいな、という気持ちが貯まっていく。それは、相手が誰であっても変わりません。つまり、インフルエンサーに紹介してもらいたいと思ったら、相手にとってメリットのあることを、常に先に提供しておくのです。それを心がけましょう。

あなたの日頃の振る舞いは見られていることを意識しよう

　実は私のところにも「紹介してください」というメールやメッセージがよく届きます。できるだけ多くの方を紹介して差し上げたいと思う反面、実際に紹介するにあたってはけっこう慎重になってしまいます。なぜなら、紹介することによってむしろ私が信用を失ってしまうというリスクもありますから。

　では、どのように紹介する／しないを選ぶのか。まずは、その方と普段から人間関係が構築されているかを見ます。まったく知らない方を紹介することはありません。

　そして、私はその人の人柄を重視して選んでいます。その人のSNSを見ると、人柄が浮かび上がってきますよね。果たしてこの人は他人にさまざまな価値を与えるギバーなのか、逆に価値を搾取するテイカーなのか。普段のあり方やどんな考え方をしているのか、そのあたりをチェックします。

　SNSでネガティブな投稿が多い人だと、私は人に紹介するのをためらってしまいます。SNSでの振る舞いは、それを見ている人の目を意識できるのかどうかも大切なので、きちんと意識できている人であることもポイントになります。

　日頃の振る舞いは、SNSでもリアルな日常生活でも、誰かに見られていることを意識しましょう。あなたがSNSに投稿する文章はもちろん、誰かの投稿にコメントする文章も見られています。ネット上ではすべてがガラス張りなので、人の投稿だからといってネガティブなコメントをするのは控えましょう。

32

これからの時代に欠かせない「動画での集客＆ファン作り」

ここまで、SNSを積極的に使ってオンライン起業をしましょう、という話をしてきました。さらにいまの時代、どうしても欠かせないのが動画を使った集客です。

これからの検索はGoogleからYouTubeの時代になる

　動画のSNSといえば、YouTubeやTikTokなどが代表例ですが、これからの時代にはますます欠かせないメディアとなっていくでしょう。

　なぜこんなに動画メディアが盛り上がってきたのか。それはおそらく、もうみなさん文章を読むという行為が面倒くさくなってきたからかもしれません（本というメディアでお伝えしていてなんですが……）。

　動画で見たり聞いたりすれば、何かをしながらでも短時間で内容を理解することができます。文章を読むためにじっと画面を見つめるよりもそのほうがいい、という人が圧倒的に増えているのかなと思います。

　私の娘は20歳の大学生ですが、情報を集めたいときは、Yahoo!やGoogleはほとんど使わないのだそうです（149ページのCase 3に出てきた山口桃果が、実は私の娘です）。ではどうやって情報を集めているのか尋ねてみたら、なんと、YouTubeで検索していると言うのです。

　私たちの時代なら、何かを学ぼうと思ったらまず本を買っていましたし、もっと詳しく学びたいと思ったらスクールに通ったものでし

た。でも、いまの若い人たちはそうではないようです。

　若い人たちがそういう動きをしているということは、世の中の流れがだんだんとYahoo!検索やGoogle検索で知りたい情報を得るのではなく、YouTubeなどで調べて情報を得る方向に変わっていくということなのでしょう。

　私のクライアントに、帰国子女で英語学習のコーチをしている女性がいます。彼女はかつて、一生懸命テキストを作成してレッスンをしていましたが、それに加えて、自分がしゃべっている動画を作成してアップしたら、ものすごくアクセスが増えたそうです。

　英語などの語学や話し方、料理などは、特に動画があるとサービスや商品がイメージしやすくなりますよね。情報量もテキストだけより多くなるので、思いも伝わりやすくなります。ファン作りや集客には、これから動画は必須だと考えていいでしょう。

発音は動画で見るとわかりやすいな

　SNSでライブ配信や動画の活用などをしている人も多くいます。しかし、SNSの中だけだとそのメディアを使っている人しかその動画を見ることができません。ですから、その動画を二次活用することをぜひ考えてみてください。

　二次活用といっても、YouTubeにアップするだけでもOKです。

YouTubeは動画SNSとしていまのところ一番使われているメディアでもありますし、登録をしていなくても誰でも見ることができます。ですから、YouTubeに置いておくだけで、多くの方の目に触れる可能性があるわけです。

　そのときに大事なのが、自分がメインで使っているSNSやブログのURLやメルマガ登録ページを、必ず概要欄に記載しておくことです。YouTubeを入り口として、そこからメディアに登録してもらうような導線を作っておきましょう。

スマホ1台で動画撮影から編集まで無料でできる

　動画というと、高いビデオカメラを買ったり、プロのカメラマンに頼んだりして、きちんと撮影・編集しなくてはいけない、と思ってい

る人がまだいるかもしれませんが、いまはスマートフォン1台で、自撮りで撮影ができて、編集も全部スマートフォンの無料アプリでできてしまいます。

　写真を撮ることができる人なら、問題なく動画の撮影や編集もできるはずです。もちろん凝ったものを作りたければ手間はかかりますが、そこまで凝らなくてもいいというのであれば、録って数分で編集して、アップまでできてしまいます。そのくらいのスピード感でOKだということを認識しておきましょう。

　それすらも手間だなと思う人は、ライブ配信がいいでしょう。InstagramやFacebookで、ライブ動画の配信を誰でも手軽に行なうことができます。YouTubeにもYouTubeライブがあります。

　読者・視聴者の方とコメントでやりとりをしながらそのままライブ配信をして、それをアーカイブとして残しておくと編集も必要ありませんし、一番ラクな方法です。

　ライブ配信はアーカイブする際に編集をすることだってできます。いらない部分をカットしたり、タイトルやキャプションを入れたり、BGMや効果音を入れたい、というときには、例えばiPhoneだったらiMovie、AndroidだったらVLLOといった無料の編集アプリがあり、それを使えば簡単です（ライブ配信については、後ほどもう少し詳しく触れます）。

33

親近感を醸し出す
動画活用例

「動画で何を話したらいいのかわからない」という方はけっこう多いようです。読者（視聴者）がほしいと思っている情報を話してあげればいいのです。

質問に回答するような感覚で話す

　動画が大事だとわかっても、いきなりカメラに向かって、1人で話すのはちょっと緊張してしまいますよね。

　でも、自分の専門分野についてなら話しやすいのではないでしょうか。読者（視聴者）がほしいと思っている情報を話してあげればいいのです。

　例えば、SNSでよく同じ質問を受けるのであれば、それに対する回答を話してあげるといいでしょう。「今回こんな質問があったので、それについてお答えします」というように質問に答えるのです。

　どうしても1人で話すのに抵抗があるという人は、聞き役を誰かにお願いしてもいいかもしれません。その人に質問をしてもらって、あなたがその質問に答える、という方法です。対話形式なら日常の会話と同じように話せるので、リラックスした自然な動画を撮ることができます。

かしこまってシナリオを用意しなくていい

　また、自分の仕事風景をチラ見せするのもおすすめです。

例えば、ダイエットコーチやパーソナルトレーナーをしている人だったら、「マシンの前で撮影してお話をすれば、こういうマシンでトレーニングするんだな」というのが伝わります。お料理がお仕事の方なら、キッチンでお話をするといいですよね。

　お客様の声を動画で撮るのもいいでしょう。オンラインセミナーをしたときに、「終わってからちょっと1分くらい感想をお話しいただける方がいたら残ってください」と声をかけます。そして、話してもらっている様子を録画して、そのまま動画に使わせてもらうという方法があります。

　オンラインで誰かと対談をしたときにも必ず動画を撮っておいて、いらないところをカットして、「対談動画」としてYouTubeにあげることができます。

　また、実際にはセミナーをしていなくても、Zoomなどを使ってスライド資料を画面共有で見せながら1人でしゃべっている様子を録画して、それをちょっと編集すると、まるでオンラインでセミナーをしているかのような動画が撮れます。

　ぜひ自分が取り組みやすいものを選んで、そこから試してみてください。

キャラ立ちして、あなたの存在をYouTube内で広めよう

「キャラを作る」「キャラ立ちする」といっても、まるで芸能人のように自分とはかけ離れた個性を演出してそれになり切れ、という話ではありません。

　あなたが何の専門家で、動画の中ではどんな立ち位置で語っているか、という印象の問題です。

　教える立場になると「先生」になりがちです。しかし、動画の視聴がまるで勉強しているみたいに感じられて、飽きてしまうのです。そうならないために、動画でのキャラを自分で作ってみるのです。

　もちろん、「先生」という立ち位置のままお話をしてもいいのですが、

ときには聞き手になって誰かに聞くような動画もアリだと思います。

　ナビゲーターや司会のような形式をとって、「今日はこういうお話をしてもらいます」という感じで、誰かとコラボをしてその方にお話をしてもらうという方法もあります。

　自分が教えるのではなく実践者の立場に立って、やっている経過を見せるという手法もあります。

　ときどきYouTubeで見かけるのが、自分がそれをやっている過程を見せ続けて、成果が出ることで共感を呼び、最後に「こういうやり方を一緒に勉強したい方、いませんか」という形でサービスにつなげていく、というやり方です。これも上手な方法だと思います。

視聴者からの質問を集める方法

　YouTubeの概要欄に「質問募集中」のコメントを書いて、お問い合わせフォームを設置しておくと、視聴者からの質問が集まります。それを次の動画のネタにすることもできます。

　『学びを結果に変えるアウトプット大全』（サンクチュアリ出版）などのベストセラーを書かれ、私の師匠でもある精神科医で作家の樺沢紫苑先生も、YouTubeに多くの動画をアップしています。「よくそんなにネタがありますね」と樺沢先生にお聞きしたところ、「いや、自分でネタは考えてないんだよ」とおっしゃっていました。

　私が「じゃあ、どこからネタを見つけるのですか」と尋ねたら、樺沢先生は「質問フォームから集めた質問に答えてるだけなんです」と、タネ明かしをしてくれました。なるほど、これなら自分では思いつかないネタも出てくるうえに、どんどんどんどん動画が作れます。

　概要欄には質問を集めるフォームを必ず置いておきましょう。集まった質問に動画で答えるということを繰り返していると、「ダイエットのことなら○○さんに聞こう」「英語のことだったら××さんの動画を見ればわかるはず」のように、専門分野と併せて覚えてもらうことができます。

34

インスタライブなどの
ライブ配信を活用してみよう

**カメラを前にして1人で話すのはやっぱりハードルが高いなという
方は、ライブ配信がおすすめです。ライブ配信のいいところは、何
よりも編集がいらないという手軽さです。**

ライブで視聴者と双方向のやりとりをしよう

　Instagramのインスタライブやメ YouTubeライブ、Facebookライブ
などのライブ配信をぜひ活用してください。

　編集がない、と聞くと、体裁の悪いところもそのまま配信されてし
まうという怖さもあるかもしれませんが、実はそこもメリットなので
す。「あー」とか「ええと」とかの間も全部伝わっていくので、その人
らしさが伝わって、それが意外といいなという視聴者も多いのです。

　また、ライブ配信はコメント欄で視聴者と双方向にやりとりができ
ます。普通に動画データをアップするだけのYouTubeの使い方では
その場で質問ができませんが、ライブ配信であれば、話しているリア
ルタイムでコメント欄を使って質問をしたり感想を書いたりができま
す。そのコメントを拾ったコミュニケーションが楽しくて、ファンが
増えていくのです。

　コメントが採用されると、「あっ、いま自分の質問を読んでくれた」
「答えてくれた」というふうに視聴者のほうもうれしくなります。ラ
ジオでハガキが読まれたときと同じような感覚ですね。

　つまり、参加者と交流ができる点で、ライブ配信は動画を編集して
出したものとは違ったリアルタイム感があるのが魅力です。

　YouTubeのライブ配信だと、総再生時間、チャンネル登録者が一

定の条件をクリアすると、Super ChatやSuper Stickerという、投げ銭機能が使えます。視聴者がこの機能を使って投げ銭をすると、コメント欄に目立つように表示されるので、配信しながらより「応援されている」ことが目に見えて実感できます。

　Instagramを使ったインスタライブは、IGTVを使えば60分までのライブ配信ができます。1時間はけっこう長いですよね。そのため、インスタライブを使ってミニセミナーのような形式でライブ配信をして、アーカイブを残しておくのも1つのやり方です。

　StreamYardという無料のソフトを使うと、ZoomでもYouTubeでもFacebookでも、ライブ中のコメントをテロップで流せます。

すべて無料でできるので、活用しない手はない！

　でも、もしもセミナーやミニセミナーのような形でライブ配信をして、そのアーカイブを動画教材として活用したいのであれば、Udemyというオンライン学習サイトにアップすることも可能です。

　Udemyに動画を上げれば、1本いくらというように有料で販売することもできます。せっかくのコンテンツなら活用したいですね。

　配信したアーカイブを編集する際に、例えば1本あたりを10分程度の短いものに分割して編集し、授業みたいな動画を数本作ってUdemyにアップするのも、収益化としてはいいかもしれません。

　Udemyはオンライン学習のプラットフォームとして定評があるので、そこからファンが増えていく可能性もあります。

　プラットフォームを利用した集客方法については、Udemy以外のものも含めて、後ほど少し詳しくお伝えしようと思います。

> ▶ Udemy
>
> https://www.udemy.com/

35

Instagram をビジネスで使うときに気をつけたいこと

女性に特に人気があるということで、ビジネスに Instagram を使う方が最近すごく増えてきました。そこで、Instagram に特化して、フォロワーを増やすコツについて見ていきましょう。

Instagramで外部リンクを張るには

　少し前のInstagramは、女性がインスタ映えを意識したきれいな写真をアップするような、ちょっと自己満足の投稿が多かった印象があります。

　その時期を越えて、いまはビジネスとしてInstagramを使う方が増えています。ハッシュタグ検索で自分のほしい情報がパッと出てくるという便利な点が、多くの人に着目されたからなのです。

　Instagramには普通の人たちのリアルな声が掲載されているので、信頼できる、使える情報が多いのです。

　ビジネスでInstagramを使うには、いくつかの注意点があります。実はInstagramを普通に使う場合、使いにくいのは、投稿する文の中にリンクを張ることができない、という点です。文字として書くことはできるのですが、リンクにならないのでクリックできないのです。

　裏技、というほどのことでもありませんが、やり方はあります。

　Instagramには通常の投稿の他に「ストーリーズ」という、24時間で消えてしまう投稿形式があります。そこには、ある条件を満たせばリンクを張ることができるのです。外部に飛ばしたい場合、このストーリーズを使うことになります。

リンクを張るには、24時間経ったあとでも消えずに保存する「ハイライト」という形でプロフィールのところに並べておきます。言ってみればホームページのグローバルメニューのように、自分のビジネスの価格やメニュー、お客様の声、よくある質問、アクセス、お問い合わせ、などへのリンクとして使うことができるのです。

ただ「ある条件を満たす」ことが必要です。Instagramのフォロワー数や利用期間によって、ストーリーズにリンクタグが張ることができる方と、張ることができない方がいます。2021年8月からフォロワー数が1万人以下でもリンクが張れるようになったので、自分が該当するか確認してみましょう。

リンクタグが使えなくても、アメーバブログだけは誰でも外部リンクを張ることができます。そのため、ストーリーズをアメーバブログにリンクを張って、いったんそこに飛ばしてから、お客様の声やアクセス、料金表などを載せた自社のサイトに誘導する、というやり方をしている人もたくさんいます。

また、プロフィールには誰でも外部リンクが1つ張れるので、プロフィールに掲載するのもいいでしょう。

自分から積極的に他の人をフォローしていく

フォロワーを増やすためには、良質なコンテンツを発信することが大原則になります。

写真はきれいに、明るくはっきりしたものを撮ることは必須です。文字投稿をする場合でも、読みやすく段落を整えましょう。

内容も相手の役に立つものを意識して、コンテンツ自体が良質であることをまず意識しましょう。Instagramは動画も使えますし、いろいろな手法で投稿できるので、文章でも動画でも自分の専門分野の内容をしっかりと発信することが必要です。

投稿するとフォロワーからのコメントがつきますが、コメントされたら無視せずに、しっかりフォロワーと交流をしましょう。もし質問されたら、そこで軽く回答してもいいですし、ほめてくれたのならお

礼を述べるなど、きちんとコメントで交流をすることが大切です。

　また、投稿するだけではなく、他人が投稿したものに対して「いいね！」をしたりコメントをしたりするのも、実はとても大事なことです。

　Instagramのアルゴリズムとして、他人と交流しているアカウントが上位に出てきやすいのです。ですから、自分の投稿だけして人の投稿は見ないという人の投稿は、なかなか他人の目に触れづらくなります。

　せっかくの投稿をもっと多くの人に見てもらうためにも、他人の投稿に「いいね！」をしたりコメントをしたり、自分から積極的に他の人をフォローしたりする活動も必要です。投稿以外にも、ぜひ時間を作ってやっていきましょう。

インフルエンサーがやっていることを取り入れる

　私はいまは1万人のフォロワーがいますが、最初はほんの数名のフォロワーだけでした。そこからコツコツ増やしていったのですが、増やし方として、まず自分と同じジャンルで、私よりフォロワーが多い、いわゆる「インフルエンサー」のフォロワーを見るのです。

　同じジャンルなので、その方のフォロワーは自分の投稿にも興味を持ってもらいやすいです。そこで、そのインフルエンサーのフォロワーの投稿を見に行って「いいね！」をしたりコメントをしたり、こちらからフォローをしたりすることで、その人たちにあなたの存在を知らせることができます。

　そのとき、あなたの投稿が良質なコンテンツばかりだったら、きっと「あっ、こんな人がいる」というふうに興味を持ってもらうことができるはずです。いきなりフォローはされないかもしれませんが、何度か「いいね！」やコメントをすることで覚えてもらえて、フォローバックされる、という流れができます。最初はなかなか気づいてもらえないかもしれませんが、根気よく続けていきましょう。

Instagramでフォロワーを増やすためには、次のことを継続していく必要があるのです。これは、私自身がやってきたことでもあり、ぜひ参考にしてください。

◆ **Instagramでフォロワーを増やすために**
・役立つ投稿を継続していく
・自分からフォローしていく
・「いいね！」をする
・コメントする
・自分の世界観の発信をひたすら行なう
・ライブ配信などで視聴者とコミュニケーションをとる

　これを続けることで少しずつフォロワーを増やすことができるので、継続して発信してください。

フォロワー増加のためのハッシュタグの選び方

　また、先ほど「ハッシュタグで検索されるからInstagramはビジネスに使える」という話をしましたが、フォロワーを増やす観点からも、投稿には必ずハッシュタグをつけてください。
　Instagramのハッシュタグは30個まで入れられるので、Instagramを開設した当初は投稿するたびに最大の30個までハッシュタグをつけてください。

　ハッシュタグの選び方にもコツがあります。もちろん自分の専門分野の言葉を入れていくのですが、例えばダイエットが専門だからといって「ダイエット」とつけると、実は「＃ダイエット」というハッシュタグは非常にたくさんの投稿があるので、自分の投稿が埋もれてしまうのです。
　そこで、検索数が少ないものも混ぜていかなければなりません。検索数が多いもの、中くらいのもの、少ないものをまんべんなく選んで

ハッシュタグに入れていくということが大事です。「ダイエット」だったら「筋トレ」「プロテイン」「MCTオイル」といった関連する用語です。

　マニアックな言葉になればなるほど検索数は減りますが、その代わり、自分の投稿が上位に出てきて、必要な人に見てもらえる可能性が高くなります。ですから、よく使われている大きいキーワード、マニアックな小さいキーワードを混ぜて、30個のハッシュタグをつけてみてください。

　Instagramは人気のSNSなので、ぜひとも攻略しましょう。やはり外部のリンクに飛ばすことはすごいパワーがあります。直接自分のサイトや自分のセールスページに飛ばすことができると成約率がぐんと高まるので、がんばってフォロワーを増やしていきましょう。

先生

愛さん

Chapter
7
おさらい

プッシュ型メディアを使いこなすことで、オンライン起業は
加速します。手軽に無料で使える動画配信ライブに取り組ん
でみた愛さんの反応を見てみましょう。

リール動画をアップしたり、インスタライブをしたりしていた
ら、Instagram のフォロワーさんが3000人を超えました！

インスタライブ、楽しいですよね♪

はい、リアルタイムで見てくださっている方とコメントで交流
したり、その場で絵を注文してくださる方がいたりで、会った
ことのない方がほとんどなのに、友だちが急に増えたようで、
仕事というのを忘れるくらい楽しんでやっています。

オンラインレッスンはいかがでしたか？

はじめてのオンラインレッスンは、慣れていなくてモタモタし
てしまい、ちょっと時間がかかってしまったのですが、お客様
から「すごく楽しかったので、またやりたいです」と言ってい
ただけたんです。それで、すぐに次のレッスンを企画したら、
今度は5人参加してくださり、その様子もインスタライブで少
し配信したんですよね。
それを見てくださった方が、「次回はいつですか？」と聞いて
くれたりして、なんと来月は売上が10万円を超えそうです。パ
ステルアートの絵の注文もたくさん入ってきて、正直10万円稼
ぐのが、フルタイムで働いている私としては使える時間の限界
かもしれないと感じています。

そうですね。いまはレッスンをリアルタイムですべて行なっているので、どうしても時間が足りなくなってきますよね。
愛さんが会社に行っている間にも、お金が入ってくる仕組みを作る時期に来たようですね。つまり、自動化できるところは自動化していくんです。

 自動化! 会社に行っている間にもお金が入ってくるって素敵な響きです。具体的には何をすればいいんでしょうか?

 例えば、いまリアルタイムでお客様にレッスンをしていますが、あらかじめ動画を撮影しておいて、お客様にパステルアートのキットを郵送するときに、レッスン動画のQRコードも同封しておくんです。そうすれば、お客様は好きなタイミングで動画を見て、自分でレッスンを受けられますよね。

 なるほど! 動画であらかじめレッスン内容を撮影しておいて、その動画のURLをおわたしするイメージですね。

 他にも、稼働時間を増やさずに売上を増やす仕組みを、次のChapterでお伝えします。お楽しみに!

Check!

・気軽なインスタライブ配信でフォロワーを増やそう
・オンラインレッスンは少人数のアットホーム感で
・オンラインレッスンもインスタライブで配信してみよう

オンラインで
「仕組み化」して
売上を加速させる!

Part IIIでは、すでに起業している方にも
役立つように、売上を倍増させるための
対面からオンラインへのシフトチェンジや
オンラインショップの生かし方、
コミュニティ作りやオンラインセミナー導入の
方法などまでをお伝えします。

オンライン・ショップ構築で
商機を逃さない

サービスをリリースした直後は売上が伸びるけれども、それがずっと継続的に上がり続けるわけではありません。そこで、この Chapter では、売上を継続的に上げていく仕組みについてお話ししていきます。

ネットを
「自動販売機」にする

「自動販売機」とは、すなわち自分がそこにいなくても勝手にお客様がやって来て、商品を購入して決済をして、自分のところにチャリンとお金が入ってくる仕組みのことです。

物販からスタートし、そのノウハウと情報を売った

このChapterでは、「ネットを自動販売機にする方法」をお伝えしていきます。

自動販売機というと、街角で見かけるあの機械を思い浮かべてしまいますが、私たちが扱うのは、主に「無形のもの」です。無形の情報や知識やサービスを自動で売るための仕組みを作っていくという話です。

まず、どうして私がこの「自動販売機」と名づけたネットの仕組みに目覚めたのかをお話ししましょう。

私が起業したのは20年前で、Yahoo!オークション（現在のヤフオク!）での転売からスタートしています。

最初は自宅にある不用品などを売っていましたが、そのうち、アウトレットモールや量販店などで安く購入した新品の子ども服を転売する、というやり方で売上を上げるようになりました。

この場合、特に知識や技術は必要ありません。とにかく安いものを仕入れて転売サイトに出せば売れていくので、利益は出しやすいのです。

ヤフオク!をはじめてから1年ですでに1000人以上の方と取引をしていたので、評価が1000ついていました。その1000が1つ残らずいい評価だったのです。高い評価をいただいたことも後押しとなって、出品するたびにとどんどん飛ぶように売れました。子ども服を売って

いたので、リピート購入してくださる方も多かったわけです。

　しかし、その反面、発送や在庫の管理が必要になってきます。商品が売れればそれを梱包して発送するという作業が必要になってきますし、一方で、売れないものがあれば在庫を抱える懸念も出てきます。

　実際、家に在庫の商品がすごく積み上げられるようになって、「物販ってちょっときついな……」と思うようになりました。

　そこで、「発送の必要がないものを売ればいいのでは?」という考えに行き着いたのです。無形のものを売りはじめたのは、ヤフオク!をして1年ほど経ってからでした。「無形のものって何?」と思うかもしれませんね。形がないもの。でも、多くの方に必要とされるもの。つまり「情報」を売りはじめたのです。

　具体的には、「ヤフオク!で飛ぶように売れる」「高い評価をもらい続ける」「リピーターがつく」という状態にするコツを100ページ程度の冊子にして販売していきました。「得するヤフオク!のコツ」というタイトルをつけてWordで書いてPDFファイルにして、値段を1000円にしてヤフオク!内で販売しました。それが購入され、入金を確認したらPDFファイルを送ればいいので、部屋を圧迫するような在庫も必要ありませんし、梱包の手間や、郵便局に持って行って発送するという必要もありません。売れたらクリック1つでファイルをポンと送るだけなので、楽でした。

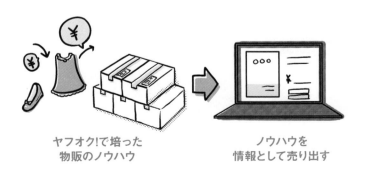

ヤフオク!で培った
物販のノウハウ

ノウハウを
情報として売り出す

37

あなたの知識をオンライン商品にしてみよう〜音声・動画・電子書籍〜

「オンラインで商品になるのはどんなもの？」という質問をよく受けます。まず挙げられるのは、音声や動画、テキストです。

これまで取り組んできたことをデジタルに変換する

　オンラインで商品になるものとして、テキストだったら、電子書籍の形式をとったり、PDFのまま配布したり、あるいは販売もできるブログサービスのnoteを利用してもいいでしょう。音声、動画、テキスト、これらがすべて商品になります。

　もちろん他のものも商品になりますが、いまは音声、動画、テキストがポピュラーです。

　Chapter 7までに「自分が詳しいことを人に教えてあげましょう」とか、「専門知識を生かしてセミナーをやりましょう」「コンサルティングしましょう」と言ってきましたが、そこで話した内容をそのままデジタルに残してほしいのです。

　セミナーで話しているのであれば、それをそのまま動画に残し、セミナーで使ったスライドをPDF形式にし、さらに動画から音だけを切り出して音声ファイルにして、それを売ることもできます。話した内容の文字起こしをして、電子書籍にして売ることもできますし、いろいろなやり方があります。

　誰かの問題を解決するために、あなたが提供したものをそのままパッケージにしてデジタルコンテンツとして売っていきましょうとい

うことです。

オンライン商品を使って販売してみる

テキスト

note で記事を販売
Kindle などで電子書籍を販売
PDF を情報としてブログや SNS で販売

音声

スマホや IC レコーダーで録音したデータを、ブログ
や SNS で販売する他、音声メディア（Radiotalk、
stand.fm、Podcact、Voicy など）で配信、販売

動画

スマホやカメラで撮影した動画を、ブログや SNS で販
売する他、動画メディア（Udemy、STORES、
Filmuy、MANATUKU、ニコニコ動画）などで販売

デジタル販売のお客様は日本だけに限らない

　私が最初に行なったセミナーは、「Yahoo!カテゴリ攻略セミナー」で
した。Yahoo!カテゴリはいまはないサービスですが、Yahoo!が審査
制でサイトをカテゴリごとに掲載するもので、私はその攻略を得意と
していたのです。

　まず最初に、そのセミナーのスライドをPDFファイルにしました。
さらにセミナーの動画も撮ったので、動画とスライドPDFをセット
にして売ったのです。

　そうすると、セミナーに行くのは交通費がかかるし、移動時間もか
かるし……とセミナーの受講を躊躇している人がいたとしても、ネッ
トでポチッとクリックしてクレジットカードの番号を入れたら、その
場ですぐにセミナーの内容が見られるのです。

これはお客様にとっても便利ですし、セミナーを開催する私にとっても、何度も同じ内容のセミナーをする必要もなく、会議室を借りる費用も節約できますから、どちらにとってもメリットがいっぱいです。こうして、1回行なったセミナーを再利用して販売することで、どんどんお金が生み出されることを、15年前の私は身を持って体験しました。

　つまり、「こういうセミナーをやりました。このセミナーの動画とスライド資料を販売します」という簡単な販売ページを作りましょう。PDFや動画をそこで買ってもらうのです。
　ほとんどの場合がクレジットカード決済になりますが、買ってもらうと、自動返信メールの中にセミナーを見ることができる動画のURLと、スライド資料のPDFをダウンロードできるURLを入れておきます。それらのURLをクリックすれば、お客様は動画も資料のPDFも見ることができる、という仕組みです。

　あなたの知識をそのまま、ネット上の自動販売機で売れるので、音声、動画、そしてテキストで、みなさんの知識をどんどん売ってもらいたいなと思います。

38

無料でできるオンライン・ショップを作ってみよう

「自分で自動販売機を作るのってなんだか大変そう……」と思ってしまうかもしれませんが、実は無料で、とても簡単にオンライン・ショップを作ることができるのです。

noteであなたの情報を販売しよう

　一番簡単なのは、有料販売もできるブログサービスのnoteです。他のブログと同じようにnoteにその商品の説明を書いて、noteの決済を利用して売ることができるのです。

　記事の途中までを公開して、「この先は有料です」として、決済してもらうとその続きが見られるという形にすればOKなので、とても簡単です。

▶ note　　　　　　　　　https://note.com/

　その他の、例えば普通のブログやSNSでも、お申し込みフォームを設置して、そこから申し込んでもらい、PayPalなどのカード決済を連携させれば、手軽にショップとして機能します。

　申し込みをしてカード決済をすると、届く自動返信メールに動画やPDFを見られるURLが記載されているので、まさに自動販売機になります。お申し込みフォームの中には、そういうシステムを組んでい

るものもあります。

　私が使っている Forms（フォームズというフォーム作成サービス）は、有料版だと PayPal 決済が連携されているので、お客様がお申し込みフォームから申し込んで決済まで終わると、私のところにメールでお知らせがきます。その時点でお客様もお支払いが終わっているので、お客様にも動画や PDF を見られる URL が伝えられている、という状態になります。

　ですから、私が完全にオフでどこかへ旅行に行っていたり、寝ていたり、お友だちとランチをしていたりするときでも、自動的に購入いただいたお客様のところに商品が届いて、自動的に売上が上がるという状態になっているのです。

情報系の販売サイトを使ってみる

　もっと簡単にやりたいなという場合は、次のやり方がおすすめです。情報系の販売サイトがいくつかあるので、それを利用する、という方法です。

　情報を売るためのポータルサイトとして有名なのは、インフォトップやインフォカート、サブライムストア、ブレインなどがあります。そこで売られているものはすべて無形の情報です。

> ▶ インフォトップ
> https://www.infotop.jp/

> ▶ インフォカート
> https://www.infocart.jp/

▶ サブライムストア
https://www.sublimestore.jp/

▶ ブレイン
https://brain-market.com/

　そこで購入の申し込みをすると、決済まで全部、インフォトップなり、インフォカートなり、サブライムストアなり、ブレインなりが管理してくれるので、とても手軽です。

　決済手段もたくさんあって、クレジットカード決済だけではなく、コンビニ決済やQRコード決済、銀行振込など、さまざまな決済の手段が用意されています。

　銀行振込だと、自分でショップを構築するときにはこちらが入金を確認してから「ご入金ありがとうございました」と手動で商品（ここでは情報のことです）を送るのが当たり前でした。けれども情報販売のポータルサイトを使うと、銀行振込で申し込んでもまだ入金していない人に「まだ銀行振込されてないから○日までに振り込んでください」とか、コンビニ払いを選んだけれども払い忘れている人に「○日以内に払ってください」といった入金の催促までそこの会社がしてくれるのです。入金管理がすごく楽になります。

　それに、多くの情報販売ポータルサイトは同時にアフィリエイト機能も持っているので、営業や集客にも役立ちます。

　アフィリエイト機能というのは、販売者とは別の人がその商品やサービスをブログやSNSなどで紹介して、購入された場合に紹介者にも何割かの謝礼が支払われるという仕組みです。

　みなさんの商品を誰かが紹介してくれて、例えばアフィリエイト報酬が50％だとしたら、1万円の商品が売れたら販売者に5000円、紹

Chapter 8 オンライン・ショップ構築で商機を逃さない

介してくれた人に5000円が入るわけです（ここでは情報販売ポータルサイトの手数料は無視していますが、実際は販売手数料が差し引かれます）。

　紹介する人にもメリットがありますし、販売者にとっては自分が直接かかわらないところにまで他人が紹介して販路を広げてくれるので、どちらにもメリットがあるわけです。このアフィリエイト機能があるのが、インフォトップ、インフォカート、サブライムストア、ブレインの素晴らしい点です。

　アフィリエイトを副業でやりたいという方は、インフォトップ、インフォカート、サブライムストア、ブレインなどにアフィリエイター登録をしてみてください。

　こうした情報販売ポータルサイトではありとあらゆる情報が販売されています。子育て、ダイエット、お金儲け、モテる方法、料理のレシピ、歌がうまくなる方法……など、情報が山のようにあるので、いろいろなものを紹介できます。

　情報販売は特にアフィリエイトの報酬が高いので、紹介する側であるアフィリエイターにとってはありがたい副収入になります。もともと情報は無形なので、発送費も必要ありません。コストがかかっていないうえにコピーの可能なデジタル商品を売っているので、アフィリエイト報酬が高めに設定されているのです。だいたい平均で10〜80％ぐらいでしょうか。販売者に入る売上はその分減ってしまいますが、それでも販売者にとってはたくさんの人に紹介してもらえるので、アフィリエイト報酬を高めに設定しているという傾向があります。

　アフィリエイターは常に紹介できるものがないか探しているため、情報販売ポータルサイトに載せると、アフィリエイターが紹介してくれて、どんどん売上が上がっていくというメリットは見逃せません。

販売手数料が高いというデメリットも

　このようにお伝えすると、情報販売ポータルサイトで販売するのは

いいこと尽くめのように聞こえるかもしれませんが、意外と決済手数料は高めに設定されており、だいたい10％くらいです。

　先ほどわかりやすく1万円の商品が売れた場合の例を挙げましたが、アフィリエイト報酬が50％だとすると、1つ売れるとまずそのポータルサイトに手数料として1000円、残りの9000円の50％がアフィリエイターへの報酬、販売者に入るのは4500円、ということになります。

　情報販売ポータルサイトはとても便利なのですが、手数料が高いというデメリットもあります。自分で販売ページを作って売るだけだったらPayPalの手数料だけですみます。PayPalの手数料は約3％です。

　自分で売る力があるのであればもちろん情報販売ポータルサイトを利用する必要はないのですが、やはり多くのアフィリエイターに紹介してもらえたり、決済や入金の催促までしてもらえたりするのは魅力です。手数料が若干高くても、情報販売ポータルサイトを利用するメリットはあるかと思います。

　インフォトップやインフォカートなどの情報販売ポータルサイトで販売するにあたっては、独自の販売ページが必要になります。これは自分で作らないといけません。ランディングページと呼ばれますが、この販売ページはお金をかけて豪華なものを作る必要はありません。ペライチなどの無料のサイトで作る人もいますし、ブログの記事1ページを使ってもいいのです。

　ただ、ブログ記事を使う場合は他の記事へのリンクが出てきてしまうので、お客様が目移りして他の記事に移動してしまうと、なかなか戻ってきてもらえないということが考えられます。

　ですから、できれば他のページに飛ぶリンクがない、シンプルな作りの方が成約率は高いです。

　また、クラフトワークやアクセサリーなど、自分の作品を販売できる、BASE、minne、Creemaといったサービスもあるので、活用してみてください。

▶ BASE	https://thebase.in/	
▶ minne	https://minne.com/	
▶ Creema	https://www.creema.jp/	

ベストな決済方法は、クレカ。次にスマホ決済

　セミナーやコンサルティングの支払いは銀行振込というのがかつての定番でした。しかし銀行振込だと、入金確認をしなくてはいけないという手間があります。

　確認する時間の分、お客様に商品を届けるのが遅くなり、お待たせしてしまうというデメリットもあります。

　また、そのときはほしいと思って購入するボタンを押したけれど、2、3日経って気持ちが冷めてしまい、そのまま払わずに事実上キャンセルをしてしまう人もいます。

　そのようなケースを防ぐためには、クレジットカードでの支払いを指定するのが効果的です。ほしいと思って申し込んだら、そのまま次にクレジットカードの番号を入れる。そうすれば、ほしいと思っているテンションのまま購入も決済も完了です。

39

「離れ小島」のオンライン・ショップに橋をかける方法

工夫を凝らして販売ページを作っても、作っただけでは人の目には届きません。その存在を他の人が知らなければ来てもらえないのです。ここからは、自分の存在を知ってもらう方法をお伝えします。

どのようにしたら自分の存在を知ってもらえるのか？

　自分が提供するサービスを、なかなかネット上で知ってもらえない……。よく私はこれを「離れ小島のラーメン屋」とたとえています。

　離れ小島にものすごいこだわりのラーメン屋を作ったと想像してください。自然素材を使っていてダシにもこだわっていて、お店の内装や外装にももちろん凝っていて、こんなに素敵な雰囲気の店内で、美味しくて健康的なラーメンをこんなに安い金額で出しているんだから絶対売れるだろう、と作った人は思ってしまいがちです。しかし、**立地が離れ小島なので、誰もそこにお店があることに気づかないのです。**

　では、どうしたらいいでしょうか。離れ小島に橋をかけるとか、船で行けるようにするとか、何かしらの橋わたしが必要になってくるわけです。

　離れ小島のラーメン屋さんであるランディングページにたどり着くための橋わたしの方法には、いろいろなやり方があります。

　1つは、やはり自分のメディアから、つまり、まずはブログやSNSで、リンクを張ってそこに飛んでもらうというのが王道のやり方です。でも、それだとブログやSNSを常に更新し続けないといけ

ないので手間がかかります。

　そこで、最近は広告を使う方がとても増えています。Facebook広告やLINE広告といった、みんなが見ているSNSに広告を出すのです。これは非常に有効な方法です。

　ひと昔前は、広告といえば「費用がかかる割に効率が悪い」と言われていましたが、SNSの広告はそれを閲覧している人の属性がわかっているので、その属性に合わせた広告をピンポイントで打つことができるのです。

　例えば40〜50代の、子どものいる既婚女性に向けて広告を出したいとか、東京・千葉・埼玉・神奈川に住んでいる男性に出したい、というように属性を絞って広告を出すことができるのです。つまり、自分のターゲットとなる人だけに表示することが可能なのです。

　そうすると、ブログやSNSで発信しなくても、お金だけ払ってしまえば支払った期間はその広告がずっと出ているので、そこから呼び込むのも1つの方法です。

ステップメールが自動化の鍵になる

　ただ、最初からお金をかけるのはちょっとリスクがあるので、広告を使わず、無料でできる方法もお伝えしておきましょう。

　それは、プッシュ型メディアを使うことです。Chapter 7で紹介したメールマガジンやLINE公式アカウントなどがそうです。InstagramやTwitterやFacebookは、誰かがそこへ見に来てくれないと投稿を読んでもらえませんが、LINE公式アカウントやメールマガジンなどのプッシュ型メディアはお客様のスマートフォンに直接お知らせが届く仕組みでした。

　プッシュ型のメディアを使うのが効果的なのは、LINE公式アカウントやメールマガジンはステップメールを作ることができるからです。ステップメールを使うことが自動化の鍵になります。

ステップメールとは、登録してもらったユーザーに、スケジュールに沿って何通かのメールを自動で配信するシステムのことです。

　例えば、**その商品やサービスがほしい、興味があるという方に、ひとつひとつのメールでだんだんほしい気持ちに誘導していくということができるのです。**

　リアルタイム配信ではなく、いつ登録しても１通目から届くので、夜中に登録しようとお正月に登録しようと、１通目から順に読んでもらうことができるのです。

　配信間隔は自由です。次の日に届くとか２日後に届くとか、何通か送ってから商品の販売をするというのもいいでしょう。

　ステップメールで何通か送るメールのことを「シナリオ」と呼び、シナリオの最初のメールで自己紹介をして、お客様にとっていま問題となっていることに気づいてもらえるよう、問題提起をします。次はその問題を解決した人たちの事例をいくつか紹介……という感じで進めていって、最後に、その問題を解決したのはこれです、という形で商品やサービスの紹介をします。その際は、「ここから買えますよ」と決済リンクなどをつけておくことが大事です。

　これで、いつお客様が見てもそのステップメールが順番に届いて、お客様がほしくなったタイミングで購入して、購入していただくとクレジットカードなどで決済されて、相手に商品リンクが自動的に届く、という仕組みが作れるわけです。

　私はメルマガやステップメールは、MyASP（マイスピー）という会社のものを使っています。こちらはオールインワンの配信スタンドで、メルマガやステップメールの予約配信、申し込みのフォーム、決済、商品を送る。すべてを賄うことができます。

　フォームもあって、ステップメールも配信できて、顧客管理もして、カード決済も連動しています。

Chapter **8** オンライン・ショップ構築で商機を逃さない

▶ MyASP

ttps://myasp.jp/

また、LINE公式アカウントのステップメールは、以前は有料の機能だったものが、いまは無料で使えるようになっています。シナリオもたくさん作ることができるので、LINEでステップ配信するのもおすすめです。

ただ、ステップ配信をすると、やはりメールの通数は増えてしまいます。LINE公式アカウントの無料範囲は、1か月に1000通までという上限があるので、ステップメールを細かく送っていると、すぐ上限に達してしまいます。そうなると有料プランに切り替えざるを得なくなってしまいます。

それでも、やはりLINE公式アカウントは到達率も開封率もいいので、LINEのステップメールを使うということもぜひ検討してみてください。

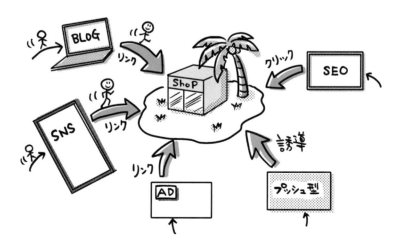

先生

 愛さん

Chapter 8
おさらい

ここまで学んできた知識を行動に変えることで、売上は自然と上がっていきます。動画レッスンに取り組んでいる愛さんも成果が出てきたようです。

 動画レッスンをやってみてどうでしたか？

 リアルタイムレッスンだと、どうしてもお客様の都合に合わせるのが難しかったのですが、動画レッスンだと時間を気にしなくていいので、前よりも注文数が増えてきました！

 みなさんお忙しいので、自分の好きなときに見られる動画って案外便利なんですよね。もちろん、女性はわいわい集まっておしゃべりしながら作るのも好きなので、動画レッスンよりも金額を高くして、リアルタイムレッスンも継続してやっていってもいいですね。

 そうなんです。私と直接しゃべりながら作りたいという方もいて、わからないことをその場で聞けるとか、こちらも相手の作品を見ながらアドバイスできるというメリットもあるので、リアルタイムレッスンも続けていきたいと思います。
それで、パステルアートのダウンロード販売についてなのですが、注文が増えてきたので、1つずつ手作業で送るのをやめて、無料のBASEを使いはじめました。ネットショップって便利ですね。商品をアップしておくと、あとは勝手に注文が入り、お客様にメールが届くので、ほぼ私の時間を使わずにお金が入ってくるようになりました。

愛さんは、本業があるので、時短でできるツールを使うのは本当にいいですね。

今日はご相談なのですが、リアルタイムレッスンに何度か参加された方が、「私もお友だちにパステルアートを教える先生になりたい」と言うんです。パステルアートのことももう少し詳しく習いたいし、SNS で発信はしていないので、お客様を集める方法から教えてほしいとおっしゃるんです。どうしたらいいでしょうか?

いままでは愛さんがすべてお客様に教えるというスタイルでやってきましたよね。言うなれば、お客様はみなさん、愛さんの子どものようなものです。その子どもが成長してきたので、愛さんが今度は子どもが先生になるための講師養成をはじめてみるのはいかがでしょう? つまり、先生を教える先生になるというイメージです。

その方がパステルアートを教えるためにすべきことを、私が教えるということなんですね。

そうです。パステルアートは、お子さんでもシニアの方でもできるということでしたが、そうなると夏休みにお子さんを集めて教えてみたい方や、介護施設などでシニアの方に教えてみたいという方も出てくるかもしれません。人に教えることで、その方にも収入が入るようになるので、仕事としてはじめることができるわけですね。なので、講師養成は、パステルアートの技術だけでなく、教え方や集客の仕方、もっと言うと SNS の使い方やフォロワーの増やし方や投稿の仕方なども、時間をかけて愛さんが教えてあげる必要があるんです。

そうですよね。私もここまで来るのに数か月かかっていますし、1回で教えられる分量でもないです。

なので、講師養成コースというメニューを作り、例えば少人数で10回にわたって、さまざまなことを学んでもらうようにしてみるのはどうですか？ 価格は、15万〜20万円くらいの値づけをしてもいいと思います。

もし15万円で、月に2人集まるだけでも30万円の収入になりますね、すごい！ 20万円で3人集まったら、60万円！ これはいまの会社員の収入を超えちゃいます。オンライン起業ってすごいですね。その仕組み作りについて、もう少し教えてください。いまは、Instagram と YouTube だけを使っていますが、他にやったほうがいいことはありますか？

Instagram と YouTube は、お客様が見に来てくれたら、愛さんの投稿を目にすることができるプル型メディアといわれるものです。こちらから相手のスマホに届けることができるプッシュ型メディアをやりましょう。お客様も女性の方が多いので、この場合、LINE 公式アカウントがいいと思います。LINE はメルマガよりも開封率が高いので、LINE で愛さんのメニューのお知らせや、お客様の作品紹介などいろいろな情報を届けることができるんです。そこで講師養成コースをはじめるので、モニター募集をします、と流してみるといいですね。

お客様に LINE 公式アカウントに登録してもらうには、どうしたらいいですか？

もうかなり Instagram のフォロワー数も増えているので、Instagram のプロフィールページからリンクを張るといいですね。YouTube の概要欄にも LINE 公式アカウント登録のリンクを

張っておきましょう。

 LINE公式アカウントって有料なんですか？

 使いはじめは無料プランからで大丈夫です。1か月1000通までなら無料で使えるので、例えば100人の登録者なら月に10回無料で配信できるイメージです。それを超える登録者数になったら、有料プランを考えればいいと思いますよ。

 よく行くエステサロンが、LINE公式アカウントでショップカードを作ってるんです。ああいうのを個人でも使うことができるんですか？

 はい、無料プランでもショップカードは使えますし、クーポン配布などもできますよ。リッチメニューといって、愛さんのInstagram、ネットショップ、YouTubeやペライチに飛ばすリンクもメッセージの下にずっと表示させておくことができるので、配信をするたびに、お客様が愛さんのサービスやSNSにアクセスしやすくもなりますよ。

Check!

・動画レッスンで反応が出てきたら、講師養成業も意識してみる
・LINE公式アカウントで最新情報を届けていく
・登録を促すために、Instagramのプロフィールにリンクを張る

Chapter

9

オンライン・コミュニティの
活用は
メリットだらけ！

「オンラインサロン」とも呼ばれるオンライン上の
コミュニティは、会員限定で入室ができるイン
ターネット上のサロンです。オンラインビジネスを
はじめたら、ぜひあなたもオンライン・コミュニ
ティを開いてオーナーとして活動してみてください。

40

参加者もオーナーも得をする オンライン・コミュニティ

著名人だけでなく、世間的には知られていない人たちが開いている オンラインサロンも盛況です。全員が並列で仲良くなり、長く継続 して参加してもらえるコミュニティを目指しましょう。

職場でも家庭でもない第3の居場所

　私が2008年に起業塾をはじめたとき、当時のカリキュラムは半年間のコースでした。ただし、半年後に参加者が全員いきなり稼げるようになるかというと、やはり難しい面もありました。そこで、その後もサポートを続けるために、半年経過後は、オンライン・コミュニティに入ってもらうようにしたのです（現在は半年間のカリキュラムはなくなり、オンライン・コミュニティのスタイルになっています）。

　このオンライン・コミュニティには、さまざまなメリットがあります。

　まずは、コミュニティを作ることによって参加者同士が交流できるようになる点です。そして、継続してオーナーと参加者がコミュニケーションをとることができるので、塾などで学ぶ期間をすぎてもじっくりと情報提供したり、参加者の成長を促し成果を出してもらったりすることができます。

　多くのオンライン・コミュニティは、塾で学ぶような場合よりも手頃な価格設定になっているので、新しい情報が手に入り、オーナーとずっとつながっていられるという点もあります。以上がお客様側のメリットです。

逆にオーナー側のメリットとしては、サブスクリプションとして毎月決まった金額が継続課金として入ってくるので、継続して新しいお客様を集めなくてもいいという点があります。

　本命商品であるサービスをぽんと20万円で買ってもらっておしまいではなくて、その先にオンラインサロンを作る、あるいは高額商品を売る前に低額のオンラインサロンで仲良くなって、それから高い商品を買ってもらう、どちらにも使えます。

自分が有名人でなくても大丈夫

　メリットが多いため、現在さまざまな著名人の方もオンラインサロンを開いています。ホリエモンこと堀江貴文さんや、絵本『えんとつ町のプペル』（幻冬社）が話題となった西野亮廣さん、「YouTube大学」というチャンネルを開設してユーチューバーとして活躍している中田敦彦さん、作家として数多くのベストセラーがある本田健さんといった、カリスマ性のある方々のオンラインサロンが有名です。

　こうした著名人のサロンは、「もしかしたら自分の質問に答えてもらえるかも」「一方通行でないやりとりができるのかも」という期待を持って、ファン心理で人が集まります。

　その一方で、世間的にはそれほど知られていない人たちが開いているオンラインサロンもたくさんあります。そこでは全員が並列で仲良くなり、職場でも家庭でもない第3の居場所として機能し、長く継続して参加してもらえるコミュニティを形成しています。

　私たちが目指したいのは後者です。参加している人たちにとって居心地がよく、ここに来れば自分の居場所があると思ってもらえるようなコミュニティになれば、退会する人も少なくなり、継続した情報提供を行なうことができるうえに、安定した収入源が確保されます。

41

無料のオンライン・コミュニティから
スタートしよう

オンラインサロンのプラットフォームには、有料のものと無料のものがありますが、スタートするときは無料のプラットフォームからはじめてみましょう。

手軽にスタートできるFacebookのプライベートグループ

　無料のプラットフォームとしてよく利用されるのが、Facebookのプライベートグループです。検索しても出てこない設定にすることもでき、メンバーにならないと内容を見ることができないので、参加者が安心して利用できます。

　テキストや、写真、動画もアップでき、コメント欄での交流もできます。さらにライブ配信もでき、イベントの告知などもOKで、必要なものは全部そろっていて、しかも無料で使えます。

　私のオンラインサロンのプラットフォームは、独自のオンラインサロン用のプラットフォームを自社で作り、それを使っています。ただその形式だとサーバー代やシステム代など、費用がけっこうかかってくるので、最初はFacebookのプライベートグループを無料で使うのがおすすめです。

　Facebookのプライベートグループでは、メンバーの交流はできますが、課金管理がしづらいというデメリットもあります。おそらく今後はFacebookも課金システムを導入するとは思いますが、まだまだ整備はされていません。

　そのため、例えばPayPalで課金をして、入金確認できた方をFacebook

のプライベートグループにご招待するなど、コンテンツと課金システムは分けてもいいかなと思います。

有料サービスは集客がしやすい

コンテンツと課金システムが一体化しているものもあります。

オンラインサロンのプラットフォームとして人気があるのはDMMオンラインサロン。クラウドファンディングでおなじみのCAMPFIREが運営しているCAMPFIREコミュニティ。それに、西野亮廣さんがやっているSalon.jpは、コンテンツを提供する場所と課金が一緒になっているので、申し込んだらそのまますぐオンラインサロンに参加できるシステムです。

▶ DMMオンラインサロン

https://lounge.dmm.com/

▶ CAMPFIREコミュニティ

https://community.camp-fire.jp/

▶ Salon.jp

https://salon.jp/

DMMやCAMPFIREのようなプラットフォームを使うメリットは、集客がしやすいということです。

DMMなりCAMPFIREなりの中で「こんなオンラインサロンがあるよ、どうですか」という感じで宣伝をしてくれるのです。

ですから、まったくあなたのことを知らない人が、プラットフォー

ムの中で見つけて入ってくれるということもまれにあります。

　集客力に自信がないけれど、たくさんの人が求めているコンテンツに自信があるという場合は、こうしたプラットフォームでオンラインサロンをはじめるのもいいでしょう。

　もちろん、それぞれに手数料が10 ～ 20％くらいかかることが多いです。例えば、月額で1000円のオンラインサロンで20％の手数料がかかるとすれば、主催者の収入は800円となりますね。

　さまざまなシステム構築の手間と、コンテンツと課金が一体となっている便利さに対して、手数料の20％が高いと考えるか安いと考えるか。オンラインのプラットフォームを使うメリット、デメリットがあるので、無料のFacebookを使うのか、それとも課金まで管理ができるオンラインのプラットフォームを使うのか、どちらがいいのかは、ご自身のニーズに合わせて考えて選びましょう。

42

カジュアルなコミュニティなら
ビジネスチャットを使ってみよう

オンライン・コミュニティを無料ではじめる際、「匿名でやってみたい」という方も多いと思います。いろいろなサービスがあるので、自分に合うものからはじめてみましょう。

プライバシーが保たれつつ、活発なやりとりができる

　オンライン・コミュニティを無料ではじめるならFacebookがおすすめだという話をしましたが、Facebookは実名登録が原則のため、個人情報が出ることを気にする人もいるかもしれません。

　そのようなケースにも使えるオンライン・コミュニティが、Slack、Chatwork、BANDなどのグループコミュニケーションアプリです。

▶ Slack

https://slack.com/intl/ja-jp/

▶ Chatwork

https://go.chatwork.com/ja/

▶ BAND

https://band.us/ja

Facebookグループとは違って、SNSの付帯ではなく単体で機能しているため、コミュニケーションはきちんととりながらも参加者の匿名性が保たれます。

　認証されたアカウントしか閲覧することができない面、プライバシーが保たれることが安心感につながります。さらに、もともとビジネス用に作られており、iPhoneからでもAndroidからでもパソコンからでもアクセスすることができ、操作が簡単で機能がとても充実しています。

　例えば、コミュニティのメンバーとオンラインで打ち合わせをしたいと思ったときのスケジュール管理も簡単です。

　出欠の確認をする機能もあり、リマインダー機能があるので、参加者全員に日程の念押しをすることができます。SlackやChatwork自体にビデオ通話の機能があるために、そのまま利用してもいいですし、ZoomやMicrosoftのTeamsなど、他のビデオ通話と連携させることも簡単です。

　もちろん無料で利用できるので、オンライン・コミュニティの趣旨や性格によって、Facebookのプライベートグループと使い分けてみるといいでしょう。

43

オンライン・コミュニティの
3つの目的

オンライン・コミュニティには3つの目的があります。① 情報提供、② お客様同士の交流、③ 居場所の提供です。バランスよく3つを提供し、上手にコミュニティを運営しましょう。

居心地のよさを提供しつつ、役割も与える

　オンライン・コミュニティには3つの目的があります。

　1つ目は、オーナーの専門分野についての情報提供です。コミュニティのオーナーがSNSなどで発信していることを、もっと深く学びたい人がまず集まるからです。

　2つ目は、メンバー同士の交流です。

　私は2008年にオンライン・コミュニティをはじめたときに、どうしたらみんなが続けてくれるのかを考えてみました。その結果、参加者同士で交流があり、そこを楽しいと感じてもらえればその人たちの居場所になるのでやめないのでは、ということに気づきました。

　それに気づいてからは、メンバー同士のイベントや、まだ当時はコロナ禍ではなかったのでリアルの飲み会やお花見、旅行など、さまざまなイベントを企画しました。そこで友人を作ってもらえれば、「MOMOさんのサロンに行くと友だちがいる、友だちができる」と感じてもらえるからです。

　こうした、職場でも家庭でもない第3の場所を「サードプレイス」といいます。趣味サークルのような側面もあって、学びの場ではありつつも、そこに行くとみんながいて楽しい、ということが大事です。

こうした形で、メンバー同士で交流できることを重視しました。

　３つ目の目的は、居場所の提供です。
　私がよくやったのは、合宿や忘年会のときに幹事さんを募って、「好きなように企画していいですよ」と言って、あとは任せてしまうのです。
　合宿も「どこに行くとか、どんなお料理でどんなイベントをやるかとか、幹事さんたちが決めていいですよ」というふうにポンと任せてしまうのです。そうすると、みんなが楽しめるためにどんなイベントにしようかとメンバー同士が会議をすることになって、会議自体が盛り上がります。
　また、役割が与えられることで、その人に責任感や帰属意識などが育まれていくと、「私がいないとここはまわらないわ」という自己重要感も高まります。
　自分の役割が見つかると、ただの受け身のお客様ではなくなるので、やめようという気持ちにならないようなのです。
　ですから、居場所を作る、役割を作る、あとは楽しめるコンテンツも用意するということを意識してみてください。

44

主催者の存在感を消す
「参加型コミュニティ」のススメ

私はオンライン・コミュニティ運営の勉強も兼ねて、さまざまな著名人の方のコミュニティにもよく参加します。これまで体験してきたコミュニティの特徴を紹介します。

著名人のコミュニティは参加者が独自性を持って参加

　以前、とあるユーチューバーが運営する大規模なコミュニティに入って驚いたのは、参加者の出入りが激しいことでした。もちろん参加者全体の母体数が多いので当然のことなのですが、毎日何十人も新規に参加したかと思えば、昨日までいた人がもういない、といった感じで、とても出入りが激しかったのです。

　その理由は、興味を持って参加しても、受け身でただ情報を受け取って傍観者として眺めているだけになってしまうと、お金を払ってまで参加する意義を感じなくなってしまうからなのだと思います。

　これだけネットに情報があふれている時代です。わざわざコミュニティに入らなくてもYouTubeを見ればたくさんの情報を無料で得ることができます。ですから、わざわざ会費を払ってコミュニティに参加するメリットがあるのかどうか。気軽に参加できる分、けっこうシビアに判断している人も多いのではないかと思います。

　西野亮廣さんのサロンに入ってみたこともあります。西野さんのサロンには都道府県別の分科会のようなものが出来上がっていて、自分の住んでいる都道府県の分科会にも参加できました。自己紹介をしたり、おすすめの場所を紹介したりして、地域ごとにみんなが仲良く

なっているのです。コロナ禍ではリアルで会うことは難しいかもしれませんが、それ以前は地域ごとのイベントや、オフ会や飲み会もよく企画されていました。

　その運営は、西野さんが直接行なうのではなく、地域ごとに参加者有志に任せているのです。場は作っているけれど関与はしていない、という感じです。代わりに、任された人たちが運営をがんばるのです。

　そうなるとやはり、自分の役割がそこに生まれるので、自分は役に立っていると実感できた人たちはコミュニティをやめたりしませんよね。その人たち自身もお客様で、お金を払って参加しているのだけれど、オーナー側の視点で動けるようになります。そういう人たちが増えると、オンライン・コミュニティはますます円滑にまわるようになっていきます。

参加者に主体性を持たせると退会者を防げる

　『人生がときめく片づけの魔法』（サンマーク出版）で知られる近藤麻理恵さんの旦那さまである川原卓巳さんのサロンも、運営がとてもお上手です。

　川原さんは2020年12月にはじめての著作『Be Yourself 自分らしく輝いて人生を変える教科書』（ダイヤモンド社）を出版されました。それに合わせた「Be Yourself ワークショップ」をオンラインサロンの中で毎月開催しています。

　最初の4、5回は川原さんご自身が「こういうワークをやりましょう」といったことをみんなに話していたのですが、以降はだんだんと変わってきました。「俺の代わりに講師にならない？　みんながこのワークショップをできるように育てるよ」と呼びかけて、手を挙げた20〜30人がワークショップをファシリテートできるように指導しました。

　それでいまは、川原さんご自身でなく、ファシリテーターになった人たちがオンラインサロンの中でワークショップをやっているのです。資料を自分で作る練習をしたり、セミナーやワークショップをま

わすしゃべり方を学んだりと、みんなで勉強しながら提供しているので、もちろん学びがあるし、スキルもつくというわけです。

　そうやって、イベントごとに誰かに任せて育てていくというのが、川原さんはとても上手なのです。

　Be Yourselfのワークショップ以外にも、「Instagramをがんばる人たちの会を作ろう」「片づけをがんばる人たちの会を作ろう」といった感じで、分科会のようなものがいくつも生まれて、それぞれに何百人も参加者がいるのです。そこをまわしている運営の人たちもそれぞれにいます。自分の得意分野があれば、川原さんのオンラインサロンの中に分科会を作っていいのだそうです。

　このように、川原さんご本人はめったにあらわれませんが、主体的にメンバーが参加する土壌ができているのです。持ちまわりでそれぞれ企画を立てたり幹事をしたり、オンラインイベントをしたりとにぎやかです。役割についても「私が司会をするね」「じゃあ私が議事録を取るね」「私は録画をして、メンバーページにアップするね」という感じでそれぞれが勝手にコミットして、参加型で進めています。そうなってくると、カリスマ性のある人がトップダウンでやっているオンラインサロンに比べて、みんなで作っている文化祭的なワイワイした感覚になれるので、参加していて楽しいし面白いから、やめる人は少ないようなのです。

　川原さんの例のように、オーナーが自分の存在感をあえて消して、みんなで参加型にしていく場を提供するというのは、退会者を出さないためにも効果的だと思います。

　ちなみに、川原さんのオンラインサロンは月額1800円（本書執筆時・税込）という絶妙な価格設定なので、主婦の方や若いサラリーマンの方、学生の方などが気軽に参加できるのもよく考えられているなあと感心しました。

　今後は、こういった参加型のオンライン・コミュニティが増えていくのではないかと、私は考えています。

45

ロイヤリティを高める秘策は、
お客様に助けてもらう？

運営者として、何か解決したいなと思うことやほしい情報が出てきたときは、まず「オンライン・コミュニティの中で誰かそれについて知っている人はいませんか？」と呼びかけてみましょう。

参加者が受け身になるサロンは長続きしない

　オンラインサロンの運営では、毎月の退会者をいかに食い止めるかということが肝になります。

　月額課金で、1か月の料金がそれほど高くないとしても、1年間の積み上げを考えるとそれなりの金額になります。そうなると、その方の生活状況によっては、「あっ、ちょっと支出を引き締めないと。オンラインサロンをいくつか見直そう」という感じで退会してしまうのです。

　どういうオンラインサロンがやめる人が多いのかというと、**「コンテンツに魅力がないこと」「一方的に情報を与えるだけになっていること」「まったく交流ができないこと」、この3点は要注意です。**
　私がオンライン・コミュニティを13年間運営していく中で、ロイヤリティを高める、つまり、お客様にやめないでいただくためには参加者同士の交流があって、居場所が感じられることが大切というのは、先述した通りです。
　それに加えて経験上、このコミュニティにずっといたいなと思ってもらうためには、常にトップの人がすべて用意して参加者にただ与えるだけ、というコミュニティではダメだと思っています。

受け身の状態が続いてしまうと、お客様はいつまでもお客様だと感じてしまうのです。でも、**オーナーが「私これが苦手だから誰かやってくれない？」というふうに参加者に助けを求めると、「それ私できますよ」という人が必ず出てくるのです。**

メンバーが積極的に参加できる仕組みを作る

　私は『ポチらせる文章術』（ぱる出版）という著書を持つ、コピーライターの大橋一慶さんのオンラインサロンにも参加しているのですが、大橋さんのコミュニティも参加型スタイルです。

　例えば、メンバーが困ったことや誰かに相談したいことがあれば、「ヘルプミー」というコーナーで相談すると、他のメンバーがアドバイスや回答をするのです。

　大橋さんが回答することはほとんどなく、メンバー同士でアイデアを出し合うという雰囲気があるため、参加者が「自分ごと」として考えるきっかけを提供しています。

　面白いのは、コピーライティングで成果が出た場合、成果を報告する場もあり、そこで認められると、オンラインサロンの月額参加費が永久無料になるのです。そのため、メンバーも成果を出そうとがんばりますし、積極的に成果を報告するようになります。

　私も、こちらのオンラインサロンで学んだノウハウで出した成果を報告したところ、月額参加費が無料になりました。**メンバーが積極的に参加できる仕組みが随所にある実践型のコミュニティ**だと思います。

　飛び抜けたカリスマ性のある著名人でない限り、やはり目指したいのはこのスタイルのオンライン・コミュニティです。

　Chapter 7で先述した精神科医の樺沢紫苑先生も、２つのオンラインサロンを持っています。１つは、会社員の自己啓発を目的とした「樺沢塾」というコミュニティ。もう１つは、経営者や起業家のための「ウェブ心理塾」というコミュニティです。

私は「ウェブ心理塾」のコミュニティに10年以上参加しています。毎月定例セミナーがあり、メンバーは集客やブランディングなどについて学ぶことができるのですが、講師は参加しているメンバーが行なうことも多いのです。

　例えば「SNS」がテーマの月は、SNSが得意なメンバーが講師になったり、「文章」がテーマのときは、出版しているメンバーが講師になったりしています（外部講師を呼ぶ月もあります）。

　メンバーの中にそれぞれいろいろな得意分野を持っている人たちがいて、その人たちが他の人の役に立つという場を、樺沢先生が作っているのです。メンバーは「いつか自分も講師になりたい」とがんばりますし、無料で（セミナー参加費は月額会費に含まれています）毎月ためになる情報が得られるので、長期で継続するメンバーが多いのです。

困ったことも全員で共有することで、一体感が生まれる

　何か解決したいなと思うことやほしい情報があったら、まず「オンライン・コミュニティの中で誰かそれについて知っている人はいませんか？」と呼びかけてみましょう。

　きっと得意な誰かが参加していて、助けてくれます。助けてくれた人たちは、強制されたりイヤイヤやっていたりするわけではないので、人の役に立ててうれしいと感じるのです。人は、やはり誰かの役に立つことが喜びになります。そういう場所を与えてあげるのもリーダーの仕事です。

Chapter 9
おさらい

先生 　愛さん

オンライン・コミュニティは有名人でなくても積極的な運営
ができることを学びました。ポイントは、魅力的なコンテン
ツに加えて、居心地のよさ、そして参加者同士の交流です。

 最近お客様からの個別のお問い合わせが増え、講師養成もはじ
めたら、似たようなお悩みを持つ方がたくさんいて、その方々
をまとめてサポートできないか考えていたんです。

 お客様同士で交流したり、一気にお客様に情報を流したりする
ときに、オンライン・コミュニティがあると便利ですよ。

 お客様は主婦の方が多くて、Slack や Chatwork には馴染みが
ないみたいで……。ひとまず Facebook でグループを作ってみ
ようかと思います。

 Facebook グループを使うなら、公開で誰でも入れるものではな
く、プライベートグループにして特別感を出すといいですね。そ
の中の投稿が外部の人からは見えないようにするといいんです。

 Facebook なら無料でアカウントが作れるし、プライベートグ
ループならみなさん、安心して投稿できますね。

 ぜひ参加者の方にも積極的に投稿してもらえるよう、自分で描
いたパステルアートの作品をアップしてもらったり、お悩みを
書いてもらったりしてください。それらの投稿に、しっかり愛
さんがコメントを返してあげると、みなさん喜びますし、ます
ます愛さんのファンになると思います。

オンライン・コミュニティは無料にしたほうがいいのですか?

 その用途にもよります。例えば、講師養成のグループは有料で、サポートをFacebookのコミュニティ内で行なうようにして、月額2000円くらいいただくのはどうでしょう。講師養成講座が終わったあとも、希望者は継続して愛さんに相談できるメリットがありますし、愛さんは、月額料金×人数が毎月安定収入になります。購入者のコミュニティは、無料のグループでいいと思います。

 なるほど、有料と無料の2つを用意してもいいのですね。

 はい、1人でいくつでも作れるので、ぜひやってみてください。オンライン・コミュニティ内でのイベントを企画して、メンバーさん同士が知り合いになれるようなものを用意すると、コミュニティにいること自体が楽しくなるので、やめる方も少なくなります。新しいサービスができたら、そこで告知して買ってもらうこともできるのです。

 さっそくFacebookにプライベートグループを作ってみます!

> **Check!**
>
> ・お客様同士の交流にはオンライン・コミュニティが便利
> ・オンライン・コミュニティは参加者の積極的な参加が重要
> ・メンバー同士が仲良くなれるプログラムを意識する

「売り方」を劇的に変える
オンラインセミナーの
導入

ビジネスではあらゆる業界のさまざまなシーンで
オンラインセミナーが有効であることが判明してい
ます。オンラインセミナーを開催する目的は、集
客だったり、顧客の教育だったり、セールスやファ
ン作りなどさまざまです。いろいろな目的で使え
るオンラインセミナーを、ぜひ導入しましょう。

46

あらゆるビジネスで有効な「オンラインセミナー」を導入せよ

これまで人と会って話をする「対面」が当たり前でしたが、これからの時代はなるべく会わず、オンラインで会話をすることが当たり前になるでしょう。

対面でやっていたことをZoomに切り替えるだけ

まずは「対面じゃないとダメ」という思い込みを捨ててください。

例えば、マッサージをする整体やエステ、歯医者さんや、スポーツのトレーナーなどの方は「うちは実際に、お客様ご本人にここに来てもらわないと無理」とおっしゃるのですが、実は、オンラインでできるのです。

これは、オンラインで施術をするとか、歯の治療をする、という意味ではありません。顧客の教育をしたり、やり方を教えてお客様に自宅でやってもらったりと、使い方はさまざまです。

コロナ禍前だったら、お茶会みたいなものをやっていた起業家の方も多いと思います。

カフェやホテルのラウンジなどにお客様に集まってもらって、みなさんとお話をして、その中でちょっとしたアドバイスをして、それが実は売上につながる……という起業家の方もいたのではないかと思います。それは簡単に、**Zoomなどを使ったオンラインお茶会に切り替えることができます。**

お客様のメリットや学びを付加してオンラインセミナーにすればいいのです。整体や歯医者さんやジムのトレーナーさんなどは、健康や予防セミナー、あるいはダイエットセミナーなどの形にして顧客を啓

蒙し、そこで費用をいただく形ができます。

　パン作りやスイーツ教室、お料理教室であれば、先に材料とレシピを郵送や宅配などで送っておいて、それぞれの自宅をZoomでつないで、先生の手元を見せながらみんなで作って、試食をして……という形式のオンラインセミナーにすることができます。

　アクセサリーや布小物など、手作り系の教室をやっている方にとっても、同じようにあらかじめ材料を送っておいて、作り方はZoomで先生の手元をスマホカメラで映してやっていく、というふうにすることができます。

　占いでも、オンラインセミナーの形式が利用できます。いままでなら手相を見て占うためには実際に会って手を見なければなりませんでしたが、このパソコンやスマートフォンのビデオ通話機能があれば、カメラに手を映して手相を見ることもできます。

オンラインセミナーは事前収録でもOK

　オンラインセミナーにして、売上が逆に上がったという方も多くいます。例えば料理教室などをオンライン化すると、参加者側にとっては、自宅で普段使っている調理器具や道具を使っていつもと同じ環境で作ることができます。このほうがむしろ効率よくできる、自宅で再現しやすいということで、リピーターにもなりやすいのです。

　占いもオンラインでやって、人気が出ている方も非常に多いようです。パーソナルカラーや骨格診断、メイクレッスンなども全部オンラインでできます。

　さまざまな業種でオンラインセミナーが有効なことがわかっています。お客様にとっても、どこかに集まって開催するのと違って会場まで往復する時間も必要ありません。だから、会場に行くのは抵抗があってもオンラインなら受けたいという人は多いのです。そのためか、対面で行なうしかなかった頃に比べるとお客様の層が広がってき

ています。

「自分の業界ではオンラインセミナーはできない」という思い込みを捨てて、ぜひオンラインセミナーを検討してみてください。

　オンラインセミナーと聞くと、リアルタイムでZoomなどを使って画面越しに話すというイメージがあるかもしれません。

「事前に収録しておいて、それを日時指定で公開して、その時間だけ見てもらう」という形式を取ることだってできるのです。いわゆる「ウェビナー」です。

　ウェビナーならば、話すのに緊張してしまうと心配する人でも、しゃべり間違えたときには編集して言い直すこともできますし、自分自身が何回も話さなくても、録画ずみの動画が何度でも稼働して、お客様の都合に合わせて見ていただくことだってできるのです。

　録画→編集というひと手間がイヤではないという方は、ウェビナー形式でのオンラインセミナーを導入してもいいでしょう。

　ただ、個人的な感覚としては、同じコンテンツを伝える場合、録画を流すよりもリアルタイムでお話ししたほうが、講師のテンションも伝わります。

　また、録画ですと、コメントや質問を入れてもらってそれをその場でお答えする形にはならないというデメリットもあります。

　それでも、録画したものは何度も使えるというメリットがあるので、１つのコンテンツで何度もお金を生み出すことができます。広告などと組み合わせて同じオンラインセミナーを何回も行なう場合にとても有効です。

　このように、**オンラインセミナーの使い方は工夫次第で、さまざまな趣旨に合わせて利用ができます。**どの業界でも使えるので「自分の業界はリアルの対面じゃないと無理」という固定観念は捨てて、ぜひ工夫してみてください。

あらゆるビジネスでオンラインセミナーは使える

業種	対面	オンライン
整体	施術	健康予防セミナーの提供
エステ	施術	セルフエステ講座、美容セミナー、メイクセミナー
ジム	トレーニング	オンラインパーソナルトレーニングの提供、トレーニング動画の提供、栄養・食事管理セミナー
営業	対面の営業	お客様が興味のある分野のセミナー・商品の説明会
歯医者	治療	虫歯・歯槽膿漏の予防セミナー、セルフケアセミナー
料理教室など	対面での実演	オンラインレッスン（事前に材料を送る）
手芸やアクセサリー作り	対面での実演	オンラインレッスン（事前に材料を送る）
説明会、お茶会、相談会	対面での実施	Zoom などを使用してオンラインで提供
占い、鑑定	対面で鑑定	Zoom などを使用してオンラインで提供
セミナー、講演	会議室などで開催	Zoom などを使用してオンラインで提供

47

オンラインセミナーの目的は、見込み客とのリレーションの構築

オンラインセミナーは、講師が動いたり話したりしているのを画面越しに見てもらえます。つまり、声や見た目、全体から醸し出る雰囲気なども伝わります。

参加者が飽きないビジュアルや話し方の工夫を

　オンラインだと文章だけで伝えるよりも情報量が多いので、人間性なども伝わったり、親しみを感じてもらえたり、信頼感を得たり、共感してもらいやすかったというメリットがあります。講師の人となりを伝えやすい、ということですよね。

　オンラインセミナーはビジネスとしてさまざまな組み込み方がありますが、どちらかというとフロントセミナーやフロント商品の位置づけで行なうことが多いようです。

　もちろん、このオンラインセミナー自体をバックエンド商品として使うこともできます。顧客に対して、オンラインセミナーを提供すること自体を商品そのものにすることもできますし、あるいは、集客のための位置づけでオンラインセミナーを使うこともできます。

　リアルで行なう対面セミナーだったら、例えばホワイトボードに何かを書くとか、スライド資料を投影して説明する、ということがあったかと思います。オンラインセミナーでも同様に、スライド資料を提示しながら話すことができます。ホワイトボードのように画面上に文字を書いてみなさんに見せることもできます。

　スライド資料を使う場合、資料を画面共有して講師は顔を出さない

というやり方もできますが、その場合でも最初と最後だけは必ず顔出しすることをおすすめします。

　スライド資料の作成はPowerPointが最もポピュラーでよく使われていますが、Macのパソコンを使っている人はKeynoteを使うことも多いようです。

　アプリケーションをダウンロードしなくても利用できるGoogleスライドを使う人もいますし、Canvaのような、プレゼンテーション資料を無料で作ることができるサイトもあります。こうしたツールはオンライン用の資料を作るのにとても便利です。

▶ Googleスライド

https://www.google.com/intl/ja_jp/slides/about/

▶ Canva

https://www.canva.com/ja_jp/

　やはり、ただしゃべっているだけだと視聴している人は飽きてしまうので、ときどき図や写真などを見せながらオンラインセミナーをすると、飽きられず理解も深まります。ぜひそういったスライド資料なども使って、オンラインセミナーをやってみてください。

　また、講師が1人で長々と話していると、これまた聴いている人は飽きてきてしまいます。リアルのセミナーと違い、オンラインのセミナーは小さなデバイスの中で講師が話しているのを聴くので、単調になりがちなのです。ですから、**講師はセミナーの冒頭で「このセミナーを最後まで見たときの視聴者のベネフィット」を伝えましょう。**また、事例やワークを取り入れたり、声色を意識したり、声の大きさを変えたり、間を上手にとって、退屈させないように工夫しましょう。

Chapter

10

「売り方」を劇的に変えるオンラインセミナーの導入

48

オンラインセミナーには、
たくさんの人を集めなくていい

「集客」という意味では、どうしてもたくさん人を集めたくなるかも
しれませんが、Zoomなど双方向でオンラインセミナーを行なう場
合、人数が少ないほうが顧客の満足度が上がりやすいのです。

何人以内の参加者だと成約率が高い?

　オンラインセミナーは驚くべきことに、参加人数が少ないほうが、
次のサービスの購入につながりやすいというデータも出ています。
　それは、なぜか。Zoomで大勢が参加していると、大勢いる中の1
人、つまり、自分はその他大勢だという認識が生まれてしまい、どう
しても参加者が受動的になりやすいのです。

　リアルの会場であれば講師からも見えているので、多少の緊張感は
あるのでしょう。一方、Zoomなどで特に参加者がたくさんいて画面
をオフにしていい場合などは、自分の様子が講師にまったく見えない
という認識から、真剣に話を聞く姿勢が薄れてしまうのです。そう
なってくると、いくら講師がたくさんの情報を提供したとしても、受
け取るものが少なくなってしまうので、商品やサービスへの興味が薄
れ、購入する意欲も下がってくるのです。
　ですから、Zoomなどでのオンラインセミナーには、それほど人数
をたくさん集める必要はありません。オンラインセミナーの参加者が
10人以内のほうが、成約率が高まると言っている方もいます。

「参加している感」を出すために双方向のやりとりを

　Zoomはスマートフォンアプリからアクセスすると、１画面に４人しか映りません。パソコンからだと標準では25人まで映り、最大で１画面49人まで映すことができます。

　そのときに、参加者にはなるべく画面をオンにしてもらって、参加者の顔を見ながら双方向のやりとりを促していかないと、どうしても次の商品やサービスの購入にはつながりにくくなってしまいます。

　例えば「チャット欄にコメントを書き込んでくださいね」と促して能動的に動いてもらったり、マイクをオンにして話してもらったり、ブレイクアウトルームで少人数のグループワークをしてもらったり、というように、お客様にも参加してもらう働きかけをしましょう。そうしないと、どうしても一方通行の受動的な参加になってしまい、きちんと話を聞いてもらえません。

「参加している感」を出すためには、さまざまなやり方で双方向のやりとりをする必要があります。そのためには、やはり人数をある程度絞ることが重要になります。あまりにも参加者が多すぎるとコントロールが難しくなってしまうからです。

　それでも、「やっぱり顔出しはしないで話だけ聞きたい」という参加者もいることでしょう。その対策としては、オンラインセミナーの募集をするときに「なるべくカメラをオンにして、顔を映してご参加ください」と明記しておくといいでしょう。

　同じ内容・同じ時間をかけてオンラインセミナーを行なうなら、真剣な人だけを集めたほうが、充実感のあるセミナーになります。

Chapter

10

「売り方」を劇的に変えるオンラインセミナーの導入

49

オンラインセミナーでは
「ビフォー・アフター」を見せる

「お客様があなたの商品やサービスを使うことで、どう変わって、どんな問題が解決できるのか」をしっかり伝えてください。

紹介ページで「どのように変われるか」を明示する

　ビジネスでオンラインセミナーを行なう目的は、お客様との信頼関係を作り、販売者を信頼してもらって、提供しているサービスに魅力を感じてもらい、最終的には商品やサービスを申し込んでもらうことです。

　ですから、セミナーではお客様がその商品やサービスを利用してどのように変化したか、「ビフォー・アフター」を見せることがとても重要です。これが一番大事だと言っても過言ではありません。

「誰に」「何を」「どのようにして」解決するかを、最初に決めておきましょう。

　例えば、次のように、どんなふうにあなたの問題を私たちが解決するのか、しっかり伝える必要があるのです。

「誰に」…………… 50代の女性に
「何を」…………… 以前のように簡単にやせないという問題を
「どのように」……ダイエットコーチングで毎日食べたものと運動を
　　　　　　　　　コーチに見せながらアドバイスをもらって解決する

お客様のお悩みの解決手段に決められた答えはありません。例えばそれはコーチングでもいいし、画期的なノウハウでもいいし、自分で開発したオリジナルグッズでもいいでしょう。

　また、ターゲットが変わると、新たな商品やサービスになります。

　ターゲットを変えると、セミナーのバリエーションをいくらでも増やすことができます。

　先ほどの例と同じノウハウを使っても、対象を変えるだけで「20〜30代の婚活女子向けのモテるダイエットセミナー」を作ることができますし、「忙しい会社員のための時短ダイエット」のセミナーにすることもできます。「シニア向けの健康ダイエットセミナー」のように展開していくこともできるでしょう。

　そのオンラインセミナーが「誰に」「何を」「どのようにして」解決するのかということをしっかりと組み立てて、紹介ページでそれを伝え、その問題を解決したい人たちを集めて商品やサービスを提供し、その人たちの「ビフォー・アフター」をしっかり見せてあげることで、次の商品やサービスにつながっていきます。

「誰に」「何を」「どのように」解決するのかを、しっかりオンラインセミナーで伝えていきましょう。

先生

愛さん

Chapter
10
おさらい

順調にステップを積み重ねてきた愛さんは、「自分の得意」を
楽しみつつ発信しながら、着実に実績を積み上げていけるの
がオンライン起業の素晴らしさだと、気づきつつあります。

いよいよ最後のレッスンも終わったわけですが、愛さん、売上
のほうはどんな変化がありましたか?

パステルアートのダウンロード販売などはネットショップで自
動化ができるようになり、おかげさまで5000円からはじめた
パステルアートの絵も、いまは単価が2万円になっても売れる
ようになりました。
動画レッスンもコンスタントに売れるようになってきたので、収
入は会社員のお給料を超える金額が入ってくるようになりました。
会社には変わらず週5日通い、何年もお給料が変わらないの
に、副業ではじめたオンライン起業は、やればやるほどやりが
いと仲間と収入が増えて、びっくりするばかりです。

オンライン起業をはじめると主体性が身につきますし、時間の
使い方も上手になるので、本業にもいい影響を与えると、多く
の方が言っています。その点はどうですか?

まさに、オンライン起業での学びを本業にも生かせていて、効
率よく作業ができないか、時短でできないか、自動化ができな
いかと考えるクセがつきました。気づいたら、以前よりも残業
しなくてすんでいます。
それから、職場のオンライン会議でパステルアートのバーチャ
ル背景を使っていたら、職場の人からもパステルアートの注文

が入るようになり、ついでに副業のやり方についても聞かれるようになりました。私の会社は副業OKなので、同じように副業したいという方からの相談が最近増えてきているんです。

副業や起業は今後ますます増えていくので、愛さんの経験が多くの方の参考になると思いますよ。

私もそれはすごく感じているんです。あと、いままでは知り合いや絵を購入してくださった方からのお問い合わせでご案内することが多かったのですが、待ちの姿勢ではなく、自分から積極的に講師養成講座を売っていきたいと思っています。

では、すでにLINE公式アカウントを使われているので、新しくLINEに登録してくださる方に、ステップ配信をして、お客様を教育していきましょう。

LINEのステップ配信とは何ですか？

友だち追加したユーザーに対して、あらかじめ用意しておいた内容・タイミング・期間でメッセージを自動配信できる機能です。友だち追加した経路に応じて、追加してからの日数やユーザーの属性情報に合わせてメッセージ配信を設定しておくことができるんです。

なるほど。登録したのがいつでも、順番にメッセージが配信される機能のことなのですね。

順番にメッセージを読んでもらうことで、それまで愛さんのことを知らなかった読者に、徐々に愛さんのことを知っていただき、講師養成講座に興味を持っていただけるようにするんです。愛さんの自己紹介、このような仕事をするようになったきっか

け、いままでのお客様の声、パステルアート講師になるとどんな未来が待っているか、講師になるにはどうしたらいいか、ということを順番に流していきます。このメッセージのことを「シナリオ」といいます。

 なんだか映画やドラマの筋書きみたいですね！

 人が行動するタイミングは、感情が動いたときなんですよ。だから、自分でストーリー（流れ）を作っていく必要があるんです。
Instagram や YouTube から愛さんのことを知り、愛さんのようになりたいなと思った方に、「あなたもこうすれば、私のようになれるんですよ」と教育していくイメージです。

 LINE に登録してくれたら、順番にシナリオを自動配信してくれるなんて便利な機能ですね。これも無料で使えるんですか？

 はい、通常配信と同じで 1 か月1000通までなら、ステップ配信も無料で使えるんですよ。登録者が増えて、有料プランにしても、月額5000円程度で月1万5000通まで配信できます。最初は無料で使ってみてくださいね。

 働きながらオンライン副業している身としては、こういう自動化できるツールって本当にありがたいですね。

 登録者がそこから講師養成講座に申し込むまで、オンラインセミナーや個別相談などを行ない、その流れが確立してきたら、ぜひ SNS 広告も使ってみてください。

 よく Facebook や LINE に出てくる広告ですか？

そうです。「SNSで知ってもらう→LINE登録→ステップ配信オンラインセミナー（動画セミナー）→個別相談→本命商品の成約」の流れができたら、SNSで知ってもらうのは、愛さんが投稿する以外に、広告でもいいんです。もちろん広告費はかかりますが、SNS広告は属性（年齢や性別、住んでいる地域など）に合わせてターゲット配信できるので、効率よく見込みの高いお客様に広告を出せるんですよ。

広告かぁ。やったことはないけど、これも自動化するためなんですね。

愛さんが忙しくても、広告を見てくれた方がLINEに登録することで、そこから順番にメッセージを読んで、もう愛さんのことを知った状態でオンラインセミナーに申し込むわけですから、とても効率がいいですよね。広告費がかかるとはいえ、例えば10万円かけてそこから50万円の売上が上がるとしたら、必ず当たる宝くじを買うようなものなんですよね。

うふふ。確かに宝くじは外れる方が多いですけど、まずは自分のSNSでその流れをつかんでおけば、成約率もだいたいわかるし、広告も怖くないということですね。

愛さん、飲み込みが早くなりましたね！

先生、オンライン起業がはじめての私にもできたので、このやり方を同僚や興味を持ってくれた友人にも教えてあげたいと思います。みんな何かをはじめたいと思っていても、何から手をつけたらいいのかわからずにいるみたいなんです。
私が最初やったみたいに、オンライン起業のタネを見つけるところからスタートして、小さく生んで大きく育てる。最終的には、自動化までできれば、本業をやめなくても大きな収入を得

ることができるって、教えてあげたいです！

 会社にいれば安泰という時代はもう終わっているんですよね。だからこそ、オンライン起業のスキルを早くからみなさんに身につけてほしいと思っています。愛さん、ぜひまわりの方にも教えてあげてくださいね。

 このスキルがあれば、私、会社をやめたとしても食べていける自信がつきました。会社をやめて、自分が本当にやりたいことを実現していくために、これからもオンライン起業を続けていきます。いままで本当にありがとうございました！

Check!

・オンライン起業をはじめると主体性が身につく
・LINE のステップ配信でお客様の感情を動かす
・SNS 広告でさらなる集客を狙う

おわりに

　私がインターネットを使って起業をしたときと、コロナで世の中が変わったいまの状況は非常に似ています。

　20年前、子どもが生まれたばかりで、私はあまり外に出られなかったこともあり、ネットを使ってなんとか集客し、収入を得ようとしていました。

　いまは、コロナの影響で、営業したくても対面営業ができず、人を集めたくても大人数をセミナーなどで呼ぶことができません。なので、多くの方が、オンライン化の必要に迫られているわけですね。

　そこで、考えてみてほしいのです。ランディングページやネット集客の仕組みを作ったら、勝手に売上が上がることを期待していないでしょうか？

　ネットは、マジックのようなものではないのです。ネットは手段であり、スマホやパソコンの向こうには、人間がいます。その人たちには、悩みや解決したい問題があり、あなたの商品やサービスがそれを解決するかもしれません。

　オンラインという手段を使ったとしても、忘れないでいてほしいのが、あなたの人間性も含めて商品やサービスだということです。

　人が何かをほしいと思うとき、これだけ情報があふれている中では「誰から買うか」がとても重要なファクターになっています。あなたの商品やサービスはほしい、でも「この人は信用できるのかな？」と人間性も見られているのです。

　ランディングページやメルマガの文章で、バリバリに商品やサービスの魅力を伝えても、「どんな人が売っているんだろう」とSNSをチェックしてから判断する方はけっこういます。そこで、品性のない写真やコメントを目にしたら、やっぱりこの人から買うのはやめようと思ってしまう人もいるかもしれません。

　よそ行きの姿はビシッとしていて隙がないのに、人前じゃないときの素の姿が、ゴミを道端に捨てる人だったり、ゴシップの話ばかりす

る人だったりしたら、リアルで会ってもいやですよね。

　そのような意味では、いまネットの世界は、ガラス張りになりつつあります。実名制のSNS（FacebookやClubhouseやLinkedInなど）が使われるようになり、名前を検索すると、その人のメディアが簡単に見つかるようになりました。その人の人間性は、自分の投稿以外にも、誰かの投稿へのコメント1行にもあらわれてしまうのです。

　そこで、オンライン起業をしようとする場合に、最も大切にしてほしいことをお伝えして、この本を締めます。

　私の失敗経験があなたの参考になると思うので、恥をしのんであなたにお伝えします。

　私はネットで収入を得ようと思って、最初にはじめたアフィリエイトで、大失敗をしました。ネットの向こうにいる人間の顔を想像できなかったからです。自分のホームページやブログに、夢のようにたくさんの人が訪問して、よくわからないけど買ってくれて、私にどんどんお金が入ったらいいなあ！　と思っていました。

　でも、そんな夢のようなことは3年間起きませんでした。なぜなら、私は子育て日記を書いていて、ターゲットは子育て中のママだったのに、紹介している商品は、記事に関係ない高額商品（パソコンや一眼レフカメラなど）ばかり。

　読者の悩みやニーズを、これっぽっちも考慮せずに、自分が書きたいことばかりを書き、そこにベタベタ目立つ位置に広告を張っていたのです。これでは売れるはずもありません。

　私は、そこで「なぜ売れないんだろう？」と考えました。もし自分がこのブログに訪れて、この商品を買うだろうかと考えてみたら……答えはNOでした。だったら、どう改善すればいいのかを真剣に模索しました。

　本書では、そのエッセンスをお伝えしたつもりですが、オンラインでもリアルでも、最も大切なのは、「相手が望むものを提供できる相手想い」なのです。相手の悩みや問題を解決するものを、わかりやす

く提示することが必要だったのです。

　この考えに切り替えてから、自分の書きたいことを書くというスタンスから、相手が知りたいことを書くというスタイルに変わり、売上も自然と上がるようになりました。

　オンライン起業にこれから取り組まれるあなたも、私のような失敗をしないよう、画面の向こうには、自分のような生身の人間がいて、その人たちの悩みや問題を解決するんだ、という意識を持って取り組んでみてくださいね。

　この本を書くにあたり、たくさんの方にご協力をいただきました。日本実業出版社のみなさん、編集協力をいただいた宮本ゆみ子さん、素敵なイラストを描いてくれたありす智子さん、事例としてご協力いただいたみなさん、アドバイスをくれた友人、応援してくれた夫の拓朗、娘の桃果にも感謝を伝えたいと思います。ありがとうございました。

2021年11月
山口朋子

プロフィールに、私のSNSメディアの情報を載せておくので、お気軽に読者申請や友だち申請をしてくださいね。本書の感想などもお寄せいただけるととてもうれしいです。あなたとオンラインでつながれるのを楽しみにしています。

山口朋子 （やまぐち　ともこ）

彩塾オンラインコミュニティ主宰。株式会社アップリンクス代表取締役。主婦起業・オンライン起業の専門家。セミナーやコンサルティングを通じて、1万5000人以上の起業にかかわる。現在は、中小企業のオンライン化のアドバイス、個人のオンライン起業の支援、国内・海外で講演やセミナーを行なう。モットーは、「誰もが、オンライン起業で自分の可能性を広げ、収入源を増やすことができる」。雑誌「日経ウーマン」「anan」「STORY」、テレビ番組「ワールドビジネスサテライト」「あさイチ」「バイキング」、朝日新聞、毎日新聞など大手メディアにオンライン活用の起業家として取り上げられる。著書『主婦が1日30分で月10万円をGetする方法』（さくら舎）、『普通の主婦がネットで4900万円稼ぐ方法』（フォレスト出版）、『忙しい主婦でもできる！スマホで月8万円を得る方法』（学研プラス）。

・山口朋子 公式ブログ　https://ameblo.jp/up-links/
・Facebook　https://www.facebook.com/momo.uplinks/
・Instagram　https://www.instagram.com/momo_uplinks/
・彩塾オンラインコミュニティ　https://saijuku.jp/
・メルマガ　https://opt.saijuku.jp/

「オンライン起業（きぎょう）」の教科書（きょうかしょ）

2021年11月20日　初 版 発 行
2022年11月 1 日　第 3 刷発行

著　者　山口朋子　©T.Yamaguchi 2021
発行者　杉本淳一

発行所　株式会社 日本実業出版社　東京都新宿区市谷本村町3-29　〒162-0845
　　　　編集部　☎03-3268-5651
　　　　営業部　☎03-3268-5161　振　替　00170-1-25349
　　　　　　　　　　　　　　　　https://www.njg.co.jp/

印刷／厚徳社　　製 本／若林製本

ISBN 978-4-534-05886-7　Printed in JAPAN